《作って学ぶ》
IoTサービス開発の基本と勘所

mbedとBluemixで始めるIoTサービス開発入門

花井 志生、山崎 まゆみ、谷口 督 ／著

本書内容に関するお問い合わせについて

このたびは翔泳社の書籍をお買い上げいただき、誠にありがとうございます。弊社では、読者の皆様からのお問い合わせに適切に対応させていただくため、以下のガイドラインへのご協力をお願い致しております。下記項目をお読みいただき、手順に従ってお問い合わせください。

●ご質問される前に

弊社Webサイトの「正誤表」をご参照ください。これまでに判明した正誤や追加情報を掲載しています。

正誤表　http://www.shoeisha.co.jp/book/errata/

●ご質問方法

弊社Webサイトの「刊行物Q&A」をご利用ください。

刊行物Q&A　http://www.shoeisha.co.jp/book/qa/

インターネットをご利用でない場合は、FAXまたは郵便にて、下記"翔泳社 愛読者サービスセンター"までお問い合わせください。
電話でのご質問は、お受けしておりません。

●回答について

回答は、ご質問いただいた手段によってご返事申し上げます。ご質問の内容によっては、回答に数日ないしはそれ以上の期間を要する場合があります。

●ご質問に際してのご注意

本書の対象を越えるもの、記述個所を特定されないもの、また読者固有の環境に起因するご質問等にはお答えできませんので、予めご了承ください。

●郵便物送付先およびFAX番号

送付先住所　〒160-0006　東京都新宿区舟町5
FAX番号　　03-5362-3818
宛先　　　　（株）翔泳社 愛読者サービスセンター

※本書に記載されたURL等は予告なく変更される場合があります。
※本書の出版にあたっては正確な記述につとめましたが、著者や出版社などのいずれも、本書の内容に対してなんらかの保証をするものではなく、内容やサンプルに基づくいかなる運用結果に関してもいっさいの責任を負いません。
※本書に掲載されているサンプルプログラムやスクリプト、および実行結果を記した画面イメージなどは、特定の設定に基づいた環境にて再現される一例です。

※本書に記載されている会社名、製品名はそれぞれ各社の商標および登録商標です。

目次

第1章　mbedの概要とオンラインIDEの使い方　　5
　1.1　本書について　　6
　1.2　mbedとは　　6
　1.3　WebベースのオンラインIDEを使う　　10
　1.4　本章のまとめ　　24

第2章　mbedから取得したセンサーデータを　　25
　　　　Webアプリケーションで可視化する
　2.1　IoTを実現する技術的な構成要素　　26
　2.2　Watson IoT Platform Quickstartを体験する　　31
　2.3　本章のまとめ　　48

第3章　センサーのデータをWebサーバーに送付する　　49
　　　　mbedアプリケーションを作成する
　3.1　本章のアプリケーションの概要　　50
　3.2　環境の準備　　51
　3.3　mbedアプリケーションの開発　　52
　3.4　ライブラリのインポート　　54
　3.5　サーバー側開発環境の準備　　60
　3.6　Dockerの導入　　60
　3.7　Cloud Foundry CLIの準備　　62
　3.8　DockerHubリポジトリの作成　　62
　3.9　Dockerによるコンテナイメージの作成　　63
　3.10　MySQLの導入と準備　　63
　3.11　nginx、php7.0-fpm、php7.0-mysqlの導入と準備　　67
　3.12　nginxの設定　　69
　3.13　稼働確認　　70
　3.14　PHPによるWebアプリケーションの開発　　72
　3.15　curlの準備　　76
　3.16　mbedからの接続確認　　77
　3.17　DockerHubへのpush　　79
　3.18　本章のまとめ　　79

第4章　PHPアプリケーションをクラウド上のDockerコンテナで　　81
　　　　稼働させる
　4.1　DockerHubからのpull　　82
　4.2　IBM Bluemixへのログイン　　83
　4.3　IBM Containers CF CLIの使用　　89

3

4.4	Bluemix用のイメージの作成	90
4.5	mbedアプリケーションの実行	93
4.6	本章のまとめ	97

第5章 オフラインIDEを使ってmbedアプリケーションをデバッグする 99

5.1	オフラインIDEを使う	100
5.2	LPCXpressoのインストール	101
5.3	オンラインIDEからLPCXpressoへのインポート	113
5.4	LPCXpressoでのデバッグ	119
5.5	LPCXpressoからオンラインIDEへのインポート	125
5.6	本章のまとめ	135

第6章 Node-RED in Bluemix for IBM Watson IoT Platformによる開発とIoTアプリケーション開発の留意点 137

6.1	第1部：Node-REDを使用してIoTアプリを簡単に作ってみる	138
6.2	第2部：IoTアプリケーション開発の留意点	171

第7章 mbedを使って音声認識でデバイスを制御する 173

7.1	音声認識でデバイスを制御する	174
7.2	デバイス側のリソースの考慮	174
7.3	ハードウェア	176
7.4	ソフトウェア	178
7.5	注意点	196
7.6	本章のまとめ	196

第 **1** 章

mbedの概要と
オンラインIDEの使い方

　本書では、比較的入手しやすく、オンライン IDE で開
発環境も構築しやすい mbed を使った作例を通して、IoT
（Internet of Things）でどんなことができるのか、またど
んな点に注意すれば良いのかを紹介していきます。本章
では、mbed の概要とオンライン IDE の紹介、簡単なプ
ログラムを作成して実行するところまでを解説します。

1.1　本書について

　最近、IoT（Internet of Things）という言葉がはやっていますが、この言葉自体は1999年にケビン・アシュトンという人が提唱した言葉です。組み込み機器をネットワークに接続すると、データを相互にやりとりしたり、組み込み機器からデータを収集したりすることが可能となり、さまざまな可能性が広がります。IoTという言葉は、こうして形成されたネットワークあるいは機器を指します。歴史的には随分と古いものですが、10年以上たって急にはやり始めたのは、組み込み機器の性能が上がって高度な処理が可能になり、組み込み機器のライブラリやツールが整備されて開発が容易になってきたためでしょう。特に最近の組み込み機器はプログラムの記述やCPUへの書き込みが容易になっている上、ICE（インサーキットエミュレータ）というデバッグのためのツールが充実しています。またそれらが非常に安価に（場合によっては無料で）入手できるため、入門のハードルは昔と比べて非常に下がっていると言えます。

　組み込み機器の入門記事というのは、はるか昔からありますが、どちらかというとLEDを点灯してみたり、センサーなどの入出力機器を制御してみたりといったハードウェアの制御に焦点を当てたものが多いと言えます。実際、こうした入出力機器が自分のプログラムで動作する体験から得られるドキドキ、ワクワク感というのは、ほかには得がたいものがあります。本書ではこうしたデバイスの制御よりは、IoTに重点を置き、組み込み機器をネットワークに接続してサンプルをいくつか作成してみることを目指します。そのため、基本的なハードウェアの解説は最小限にとどめ、サーバー・アプリケーションとの連携を中心に解説します。

1.2　mbedとは

　mbed[注1]は、IoTのためのプラットフォーム、OS、ツールといったエコシステムを、標準をベースとした方法で構築するための団体で、ARM社が主導しています。一般には、mbedという言葉はARM社のマイクロコントローラ（以降、単にコントローラと呼びます）を用いたプロトタイプ開発用のボードを指すことが多いと思われますが、それは、mbedが提供するデモボードを指しています。mbedのデモボードにはいくつか種類がありますが、一番有名なのはARM Cortex M3を用いたmbed NXP LPC1768（図1.1）で、単にmbedと言った場合は、このデモボードを指すことが多いでしょう。本書でもこのデモボードのことを今後、単にmbedと呼称します。

注1) http://mbed.org/

● 図1.1 mbed NXP LPC1768

　デモボードは広く出回っているので、入手は困難ではないでしょう。筆者は秋月電子通商[注2)]で入手しましたが、為替の影響で価格が変動することが多いため、インターネットで安く購入できるところを検索してみると良いかもしれません。
　LPC1768はさまざまな入出力を持っていますが、その中でもEthernetを備えているのが特徴の1つと言えます。これを用いることで簡単にインターネットに接続可能な機器を作成することができます。本書では、より手軽にmbedを試せるようにアプリケーションボード（図1.2）を使用します。これにより多くのI/Oをはんだ付けなしに試せるようになります。アプリケーションボードにはEthernetのRJ-45コネクタも実装されているので、そのままEthernetのケーブルを接続できます。

注2) http://akizukidenshi.com/catalog/g/gM-03596/

第1章　mbedの概要とオンラインIDEの使い方

● 図1.2　mbed用アプリケーションボード

　IoTとして活用可能なコントローラのいくつかを表1.1にまとめました。左側がローエンド、右側がハイエンドになります。

●表1.1　IoTとして利用可能なコントローラ

	PIC18F66J60	mbed LPC1768	Raspberry PI 2
CPU	8bit クロック 42MHz	32bit クロック 96MHz	32bit 4コア クロック 900MHz
ROM	64KB	512KB	Micro SD card （公式には32GBまで）
RAM	4KB Ethernet用に8KBの専用バッファあり	32KB USB/Ethernet用に32KBのバッファあり	1GB
OS	なし	簡単なリアルタイムOSあり	Linux
プログラミング言語	C	C/C++	さまざまなものが利用可

　PIC18F66J60は、チップ自体が3ドルほどなので非常に安価にシステムを構成できますが、CPUは8bitですし、RAMが4KBしかないため、ネットワーク制御用としては限られた機能しか提供できません。逆にRaspberry PI 2の場合は、一昔前のPC並みのスペックを有しており、プログラミング言語に高級言語を用いることが可能なので、開発を非常に楽に行えます。しかし

Linuxベースなので、応答性能が必要な場面では専用のデバイスドライバを書かなければなりませんし、シャットダウンせずに電源を落とすとファイルシステムが損傷を受ける可能性があるなど、取り扱いにはPCと同じぐらい神経を使う必要があります。mbedはIoT用のコントローラとしてはミッドレンジと言えるでしょう。開発にはC/C++を用いなければならないので、Raspberry PI 2よりはハードルが高いと言えますが、高速な32bit CPUと32KBのRAMを備えているため、さまざまなネットワーク制御に対応が可能です。また、簡単なリアルタイムOSが用意されているため、割り込み処理などの低レベルな記述を行わなくても、比較的容易にバックグラウンド処理を実装できます。

LPC1768の仕様の詳細についてはmbedのページ[注3]を参照してください。

mbedでの開発の特徴

初心者にとって、組み込み機器の開発にはいくつかの難関があり、代表的なものとして以下のようなものが挙げられます。

- 部品をはんだ付けしないといけない
- プログラムを機器に書き込むために、書き込み用の機器（以降本書では、プログラマと呼びます）が必要
- 開発環境をPC上にセットアップしなければならない

部品のはんだ付けそのものはブレッドボードなどを用いることで回避できますが、それでも面倒な配線作業は残ります。配線を間違えれば正しく動作しないだけでなく、最悪の場合、部品が壊れるかもしれません。ここではmbedのデモボードとアプリケーションボードを使いますので、配線作業はまったく不要で、残る注意点は、デモボードをアプリケーションボードに差し込むときに方向を間違えないこと、静電気に注意すること、ピンを折らないように気を付けることくらいです。

最近のコントローラは、数本の信号線をプログラマに接続すれば書き込みが可能になっています。書き込みに使用する線は入出力ピンと共用になっているケースが多いですが、それでも回路に接続したままで書き込みが可能なように配慮されているので、わざわざ書き込みのためにコントローラを回路から外す必要はありません。しかしそのためには回路側では設計に配慮が必要ですし（例えば負荷容量が一定値を超えないようにする）、書き込みの際には配線のほかにも、プログラマのセットアップや操作が必要で、初めての場合には戸惑うことも多いでしょう。mbedは最初からUSBポートの1つがUSBストレージ・クラスに対応したデバイス（つまりはUSBメモリ）になっており、ここにプログラムを書き込んでやれば、コントローラ起動時に自動的にそのプログラムを読み込んでくれます。このためプログラム書き込みのための特殊なハードウェアは一切必要ありません。

開発環境の整備も初心者にとっては荷の重い作業です。組み込み開発の世界でも最近は統合開発環境（IDE）が提供されるようになり、IDEをセットアップすれば一通りの環境がそろうようになったので、昔と比べれば随分と楽になりました。それでも、例えばUSBやEthernetにアク

注3) https://developer.mbed.org/handbook/mbed-Microcontrollers

セスするためのライブラリを集めてきたりといったところは、Webページ上を探し回る必要があることが多く、特に組み込み用のコントローラは種類が多いので正しいモジュールを見つけるのは一苦労でしょう。mbedはブラウザ上で動作するIDEを提供しており、新規に何かインストールする必要はまったくありません。ブラウザ上で動作するIDEでコードを書き、必要なライブラリを選択してビルドすれば、ブラウザ経由で実行モジュールが自動的にダウンロードされるため、それをUSBメモリとして認識されているmbedにコピーしてやるだけで済みます（詳細はこの後解説します）。

mbedアプリケーションボード

すでに述べた通り、本書ではmbedアプリケーションボードを使用します。このボードには数多くのデバイスが搭載されていますが、詳細はmbed application boardのページ[注4]を参照してください。日本ではスイッチサイエンス社が取り扱っており[注5]、筆者もここで手に入れました。

なお、本章ではアプリケーションボードは使用しませんので、mbedのボードだけあれば十分です。

それでは早速mbedを使ったプログラミングを始めましょう。

1.3　WebベースのオンラインIDEを使う

mbedの便利な点は、特別なソフトウェアをインストールしなくてもブラウザ上で開発ができることです。インターネットに接続できるPCがあれば、ブラウザからARM社のデベロッパーサイト「ARM mbed Developer Site」にユーザー登録することにより、オンラインIDEを利用できます。

ここからは、mbedで動くプログラムの開発に、WebベースのオンラインIDEを使う場合の手順を簡単にご紹介します。

PCとmbedを用意する

インターネット接続可能なPCを用意します。PCのOSは、Windows、Mac、Linuxが利用できます。ブラウザはできるだけ最新バージョンを利用しましょう。インターネットで参考情報を得られやすく利用実績のある、一般的なブラウザを使うことをおすすめします。そのほうが、もし問題が起きても調査や解決が容易になります。

PCのUSBポートにmbedを接続します。正しく接続できれば、USBメモリと同じように、OSからは外部デバイスとして認識されます（図1.3はMacのイメージです）。

注4) https://developer.mbed.org/cookbook/mbed-application-board

注5) https://www.switch-science.com/catalog/1276/

1.3 Webベースのオンライン IDE を使う

● 図 1.3 外部デバイスとして認識された mbed

「ARM mbed Developer Site」にユーザー登録する

　mbed のオンライン IDE を初めて使用する場合は、ARM mbed Developer Site にユーザー登録をします。ユーザー登録までの流れを解説します（ユーザー登録済みの方は、この手順を飛ばしログインを済ませておいてください）。

　MBED ドライブ内にある「MBED.HTM」ファイルを開くと、ブラウザで「ARM mbed Developer Site」が開きます。

　「Log In/Signup」をクリックします。

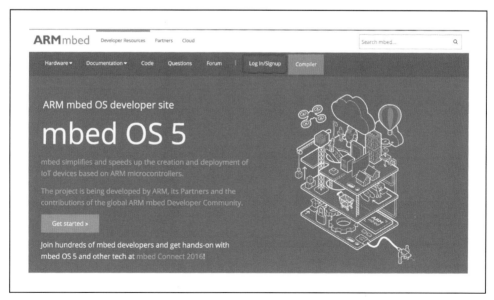

● 図 1.4 ARM mbed Developer Site

　「Signup」をクリックします。

11

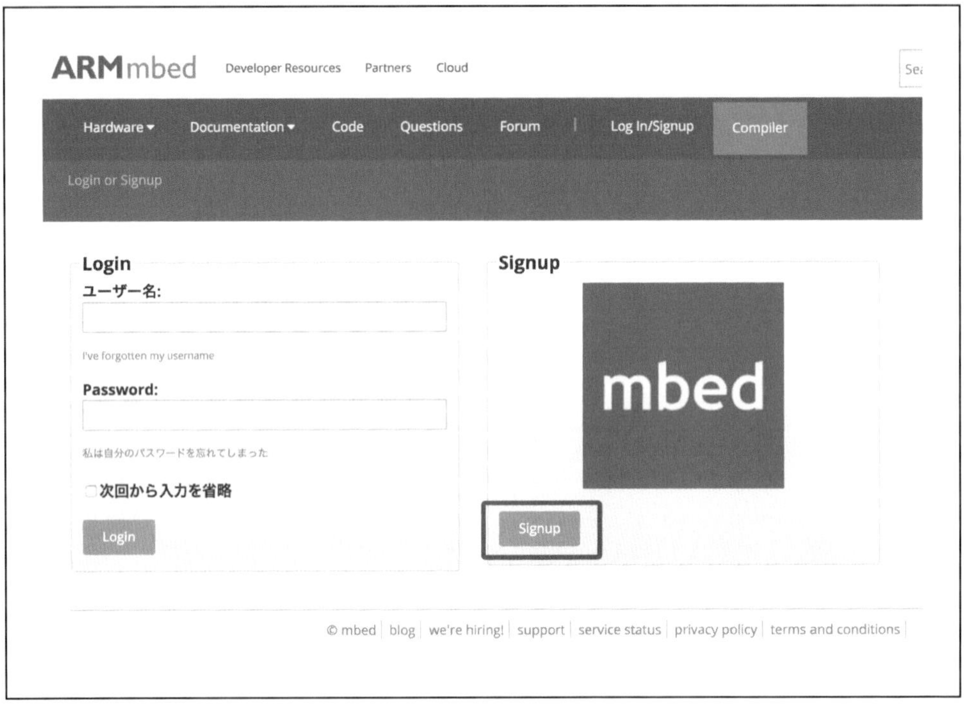

第 1 章　mbed の概要とオンライン IDE の使い方

● 図 1.5　Login or Signup

　「No, I haven't create an account before」をクリックすると、ユーザー登録に必要な情報を入力する欄が表示されます。メールアドレス、ユーザー名、パスワード、公開する名前（名・姓）、国の入力、利用規約の確認をして問題なければ同意にチェックし、「Signup」をクリックします。

1.3 WebベースのオンラインIDEを使う

● 図1.6 Signup時の入力内容

　以上でユーザー登録が完了しました。

サンプルプログラムのコンパイルと動作確認

　それでは実際に、オンラインIDEを使って動作確認用のサンプルプログラム「HelloWorld」を
コンパイルし、mbedの基板上のLEDを点滅させてみましょう。よくある "Hello world!" を表示
するプログラムではなく、mbedではLEDをチカチカさせることから始まります。

　ARM mbed Developer Site[注6]にログインします。

　「Compiler」をクリックし、オンラインIDE（「mbed Compiler Workspace Management」）
を開きます。

注6) https://developer.mbed.org/

13

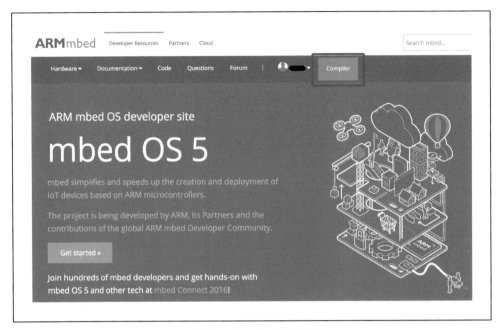

● 図1.7　オンラインIDEを開く

「HelloWorld」をインポートします。オンラインIDEの「import a program」をクリックします。

● 図1.8　HelloWorldのインポート1

検索条件に"HelloWorld"と入力して「検索」をクリックすると、"HelloWorld"にマッチするインポート可能なプログラムが一覧表示されるため、インポートする「HelloWorld」の行をクリックで選択しましょう。

1.3 WebベースのオンラインIDEを使う

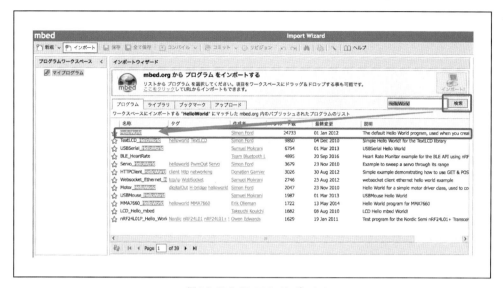

● 図1.9 HelloWorldのインポート2

「インポート!」をクリックすると、ダイアログボックスが表示されます。さらに「Import」ボタンをクリックしてください。

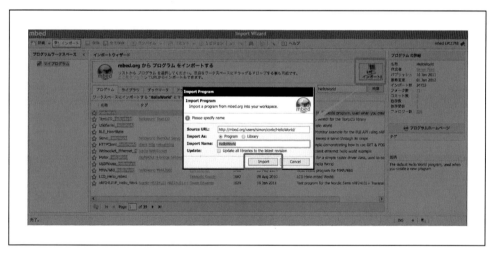

● 図1.10 HelloWorldのインポート3

オンラインIDEのワークスペース（Program Workspace）に、「HelloWorld」プログラムをインポートすることができました。

第 1 章　mbed の概要とオンライン IDE の使い方

● 図 1.11　HelloWorld のインポート 4

　サンプルプログラムをコンパイルします。オンライン IDE のメニューから「コンパイル」をクリックします。

● 図 1.12　HelloWorld のコンパイル 1

　コンパイルに成功すると「Success!」というメッセージが出力されます。

1.3 Webベースのオンライン IDE を使う

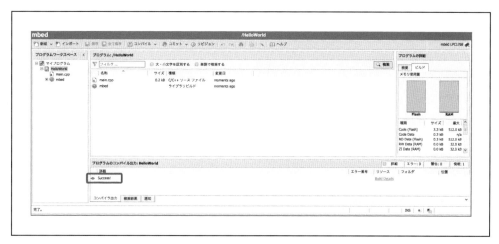

● 図 1.13 HelloWorld のコンパイル 2

コンパイル後のバイナリファイル「HelloWorld_LPC1768.bin」が自動でダウンロードされます。

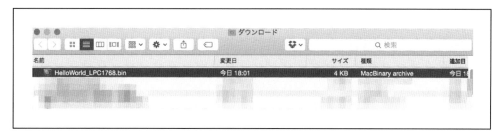

● 図 1.14 HelloWorld のコンパイル 3

バイナリファイルを MBED ドライブにコピーします。

● 図 1.15 MBED ドライブへのコピー

きちんとバイナリファイルがディスクに書き込めたことを確認するため、OS の操作で MBED ドライブを取り出しましょう。

mbed 基板の中央にある黒丸のリセットボタンを指で押すと、4つ並んだ LED のうち1つがチカチカ点滅し始めます。

17

● 図1.16　HelloWorld の動作確認

以上で、サンプルプログラムの動作確認ができました。

製品説明ページについて

　サンプルプログラムは mbed LPC1768 基板の説明ページ[注7]からインポートすることもできます。

　mbed と接続可能な入出力デバイス（センサーや液晶モニタなど）についても同様に、製品ごとの説明ページから動作確認用のサンプルプログラムをインポートできるようになっていることが多いです。製品仕様や API などが掲載されているため、製品購入前や開発時には参照してみることをおすすめします。

ライブラリを使う

　先ほどの例では、サンプルプログラム「HelloWorld」をオンライン IDE のワークスペースにインポートして、そのままコンパイルとコピーを行い動作させました。

　オンライン IDE のワークスペースで「HelloWorld」の左のツリーを展開してみましょう。

　「main.cpp」は C++ 言語で書かれたソースです。開いて見てみると、空行を除いて 10 行のシンプルなソースです。

注7）https://developer.mbed.org/platforms/mbed-LPC1768/

```
#include "mbed.h"

DigitalOut myled(LED1);

int main() {
    while(1) {
        myled = 1;
        wait(0.2);
        myled = 0;
        wait(0.2);
    }
}
```

　ソースの先頭行「#include "mbed.h"」で、mbed ライブラリのヘッダファイルを取り込んでいます。これは、mbed を制御するためのプログラムを自力で開発しなくても、実績のあるライブラリを使用できることを意味します。

　このように、プログラムやライブラリをオンライン IDE で検索し、自分のワークスペースにインポートしてすぐに利用できるため、mbed で手軽にプログラミングしてみたい方にとって、オンライン IDE は、うってつけのツールです。

プログラムとライブラリについて

　ライブラリも、プログラムであることに変わりはありません。プログラムは文脈によって、人間が書いたり読んだりするソースコード（例えば「HelloWorld」の main.cpp）を指す場合もありますし、ソースコードをコンパイルしてバイナリ変換された実行可能ファイルを指す場合もあります。ここでのライブラリとは、汎用性のある目的を達成するために、共通の機能として、他のプログラムから利用できるようにまとめられたソフトウェアの部品のことと理解するくらいで良いでしょう。

無限ループについて

　while の直後の丸かっこ「( )」の中には繰り返し条件を書きます。C や C++ では、条件式が 0 なら偽（false）、0 以外なら真（true）を表します。サンプルプログラム「HelloWorld」の「while(1)」は常に true なので、while ブロック（中かっこ｜｜で囲まれた部分）内のステートメントを無限にループする動きになります。後述する書き換え後のソースでは、while(true) と書きました。このほうが直感的に分かりやすくなります。

┃サンプルプログラムを変更して動作を変える

　最後に、先ほどワークスペースにインポートした「HelloWorld」のソースを変更して、動作を変えてみましょう。

　同じく LED を点滅させるプログラムですが、モールス信号の SOS（・・・－－－・・・、トトトツーツーツートトト）のリズムで点滅させてみることにします。

第1章　mbedの概要とオンラインIDEの使い方

新しいプログラムを作成する

「HelloWorld」をテンプレートにして、新しいプログラムを作成します。オンラインIDEのメニューから「新規」→「新しいプログラム...」を選択し、表示された「新しいプログラムの作成」ダイアログの「プログラム名:」の値を mbed_blinky から mbed_blinky_sos に書き換えて「OK」をクリックします。

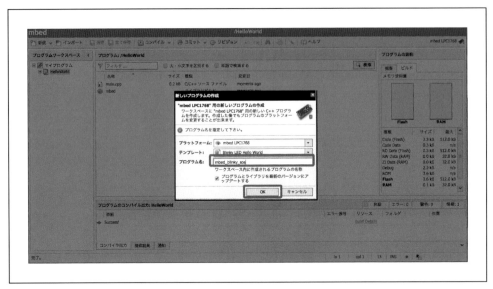

● 図1.17　プログラム名の書き換え

ソースを変更する

プログラム「mbed_blinky_sos」の「main.cpp」を開き、下の例のようにソースを書き換えて保存します。

保存は、オンラインIDEの「保存」をクリックするか、キーボードの［Command］＋［S］（Windowsなら［Ctrl］＋［S］）キーを押します。編集中でまだ保存されていないときは、ナビゲーションツリーパネル（プログラムワークスペースの左に、プログラムやソースがツリー形式で表示されている部分）のファイル名の右横に＊印が表示されます。

● (例) 変更後の main.cpp

```
#include "mbed.h"

DigitalOut myled(LED1);

// 短音
void shorttone()
{
  myled = 1;
  wait(0.1);
  myled = 0;
  wait(0.05);
}

// 長音
```

```
void longtone()
{
  myled = 1;
  wait(0.3);
  myled = 0;
  wait(0.1);
}

// 休み
void waiting()
{
  myled = 0;
  wait(1.0);
}

// sは短音3回、oは長音3回
void morse(char val)
{
    switch (val)
    {
        case 's':
          shorttone();
          shorttone();
          shorttone();
          break;
        case 'o':
          longtone();
          longtone();
          longtone();
          break;
        default:
          waiting();
          break;
    }
}

int main()
{
    while(true)
    {
        morse('s');
        morse('o');
        morse('s');
        morse('0'); //wait
    }
}
```

コンパイルする

　ソースを作成・更新したときは、コンパイルを行わないと実行可能なプログラム（バイナリ
ファイル）が作成できません。オンラインIDEのメニューにある「コンパイル」をクリックしま
しょう。

　正常にコンパイルが通れば、バイナリファイル（mbed_blinky_sos_LPC1768.bin）がダウン
ロードできます。

コンパイルエラーが起きたら

コンパイルエラーが起きると、エラー詳細、エラー番号、およびコンパイラがエラーと判断したソースコードの位置が出力されます（図1.18）。

エラー番号のリンクをクリックすると、該当するエラー番号のCookBook（エラーの内容や対処方法の参考情報）を参照することができます（図1.19）。

なお、ここではソースコードの3行目の「LED1」を「LED5」に書き換えてわざとエラーを表示させました。エラー詳細のメッセージだけで、「LED5」が未定義のため発生したエラーだと分かりますね。

エラーの原因が分かったらソースコードを修正して、コンパイルしなおしましょう。

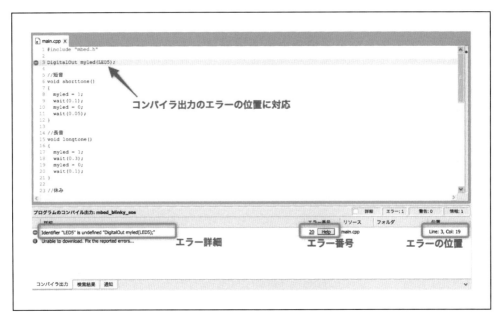

● 図1.18　コンパイルエラーを発生させる

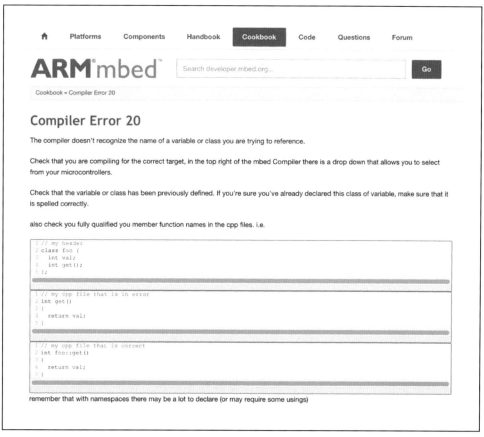

● 図1.19 Cookbook

動作を確認する

バイナリファイル（mbed_blinky_sos_LPC1768.bin）をMBEDドライブにコピーして、基板中央のリセットボタンを押してみましょう。うまくいけば「HelloWorld」で動作確認したときと同じLEDが、今度はSOSのリズムで点滅するはずです。

MBEDドライブ内のファイル管理について

MBEDドライブ内に複数のバイナリファイルがあるときは、変更日時の新しいものが優先的に動きます。そのため複数ファイルを格納しても、容量（最大約2GB）に収まる範囲内であれば問題ありません。不要なファイルはUSBメモリ内のファイルと同様、OSからの操作で削除できます。また、最初から格納されていたMBED.HTMを誤って消しても、リセットすれば復活しますのでご安心を。

1.4 本章のまとめ

　本章では、mbed の概要とオンライン IDE の使い方をご紹介し、最後に簡単なプログラムを作成して動かすところまでを行いました。

　次章では、アプリケーションボードで mbed を拡張し、クラウド上のサーバーで、mbed からセンサーデータを受信できるところまでを実践します。関連技術として MQTT という軽量なプロトコルや、JSON というデータフォーマットについても学習します。

第**2**章

mbedから取得した
センサーデータを
Webアプリケーションで
可視化する

第1章では、mbed の概要とオンライン IDE の使い方
を紹介し、最後に簡単なプログラムを作成して動かすと
ころまでを行いました。本章では、アプリケーション
ボードで mbed を拡張し、mbed からセンサーデータを
サーバーに送信してアプリケーションでビジュアルに表
示できるところまでを、まったくコードを書かずに実践
します。

第2章　mbedから取得したセンサーデータをWebアプリケーションで可視化する

　実践に入る前に、IoTで実現できることと、本書でIoTを実現する以下の技術的な構成要素について概説します。IoTでは何ができ、どのような技術がIoTのどこで用いられているのかを、座学だけでなく体験を通じて学ぶことが本章の目的です。

2.1　IoTを実現する技術的な構成要素

IoTで何ができるか？

　IoTでは、「モノ」である組み込み機器がネットワークを介してクラウドなどのサーバーへ自らデータを送り、サーバー上のアプリケーションと連携することで、高度で新しいサービスを実現します。ここでいう組み込み機器とは、ソフトウェアによって制御される機器の総称です。

　組み込み機器にはどのようなものがあるでしょうか？　身の回りにあるものだけでも、スマートフォン、スマートウォッチ、冷蔵庫、エアコン、電子レンジ、デジタルビデオカメラ、電気メーターなど、挙げればきりがないほど多くのモノがソフトウェアによって制御されています。より大きなモノでは、自動車、家、ビルなどにも多数の組み込み機器が搭載されるようになってきています。

　IoTの世界では、あらゆるモノがインターネットにつながることで、人とモノとがソーシャル・ネットワークでコミュニケーションできます。歩数計が持ち主の1日の歩数をTwitterでつぶやくことも、アプリから、別の場所にあるぬいぐるみにメッセージを送って自分の代わりに持ち主へ気持ちを伝えることも、電気メーターが電気の使用量を契約者へメールで知らせることも、マイカーの現在位置・通過した経路・部品の故障有無などをスマホアプリで確認することも、会議室の空き状況を会議室にアプリから問い合わせることも、技術的に可能です。

IoTの技術的な構成要素

　本書で紹介するIoTの技術的な構成要素は次の通りです。

- **クライアント（組み込み機器）**：mbedおよびアプリケーションボード
- **通信技術**：MQTT
- **データフォーマット**：JSON
- **サーバー（クラウドサービスなどを利用）**：IBM Watson IoT Platform ／ IBM Bluemix

　次項より、それぞれ概説していきます。

mbedおよびアプリケーションボード

　第1章で紹介したmbed（mbed NXP LPC1768）には、CPU、ROMやRAMなどの記憶装置のほか、さまざまな入出力インターフェースがあります。第1章でも紹介した通り、本書ではmbed拡張基板としてアプリケーションボード注1)を使用します（仕様の詳細はリンク先を参照ください）。

　アプリケーションボードを使用する理由は次の通りです。

26

- コネクタをつなぐだけでmbedを拡張できる
- 温度センサー、3軸加速度センサーなど、複数のセンサーを利用できる
- RJ45イーサネット・コネクタがあるためインターネット接続が容易である
- mbedのオンラインIDEからプログラムやライブラリをインポートして利用できる

MQTT

　MQTTは、M2M（Machine-to-Machine、機械対機械）通信や、IoTに適したオープンな非同期通信技術です。執筆現在（2016年11月）の最新仕様MQTT v3.1.1は、OASIS（Organization for the Advancement of Structured Information Standards、構造化情報標準促進協会）によって標準規格となっています。この規格にもとづく実装もオープンソース化されており、誰でも無償で使用することができます（公式サイト：http://mqtt.org/）。

　MQTTは、細く不安定なネットワークを介して、メッセージをTCP/IPで送受信することに適しています。また、パブリッシュ／サブスクライブ型の通信パターンにより、1対1だけでなく1対多でメッセージを配信することができます。

　図2.1はIoTにおけるMQTT通信のイメージです。トピックはパブリッシャーとサブスクライバーをブローカーが論理的に紐付けるための文字列です。

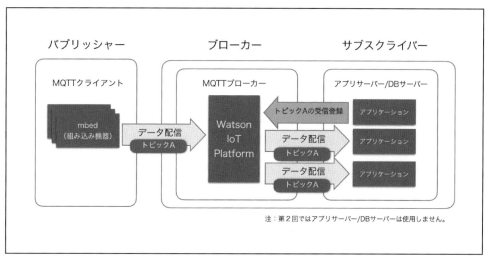

● 図2.1　IoTにおけるMQTT通信のイメージ

　自宅で個人的にIoTを試す範囲では、mbed／アプリケーションボードとサーバー間の通信は、ブロードバンドのネットワーク環境が使えるため、通信品質について特に気にならないかもしれません。しかし、実際のIoTサービスでは、移動する車内や屋外など、さまざまな場所にある多数のモノが、サーバーとデータを何度もやりとりします。そのため、通信技術自体が軽量であること、1対多の通信が可能であること、また送信側と受信側が同時に接続中でなくても通信できることは大変重要です。

注1）http://developer.mbed.org/cookbook/mbed-application-board

なお、MQTT に限った話ではありませんが、すべての実装が標準規格のすべてをサポートしているわけではありません。実装によって細かな動作が異なる場合もあるため、特に個人目的以外で使用する場合は、機能・非機能要件を満たすことができるかどうか、十分にテストしましょう。

MQTT のメッセージ送信のサービス品質（QoS）には 3 種類あります。提供するサービスに応じてふさわしい品質を選択します。ただし、このサービス品質は、パブリッシャーとブローカー、またはブローカーとサブスクライバー間の通信に適用されるものです。パブリッシャーからサブスクライバーまでのサービス品質ではないため、MQTT を使用する際は、提供するサービスの特性に適した品質を選択しましょう。

▎3 種類のサービス品質

QoS0（At most once：最高 1 回）

センサーデータのように、一部のメッセージが欠けても影響のないサービスに利用します。メッセージが届いたことを確認しないため、高速にメッセージを転送することができます。

QoS1（At least once：最低 1 回）

1 回は必ず通信相手に届けるサービスに利用します。同じメッセージが重複して届いてしまうことがあります。

QoS2（Exactly once：確実に 1 回）

入出金取引データのように、1 回のみ必ず通信相手に送り届けるサービスに利用します。送信側でメッセージを削除する前に、送信側と受信側の間で少なくとも 2 組の送信／確認応答を行うため、メッセージの転送速度が QoS0 ／ QoS1 よりも遅くなります。

JSON

JSON（JavaScript Object Notation）は、HTML や XML と同じ、データ記述言語の 1 つです。JSON は、JavaScript プログラミング言語（ECMA-262 標準第 3 版、1999 年 12 月）の一部として標準化されました（公式サイト：http://json.org/）。JSON は XML よりも軽量で、作成やパース（構文解析）が行いやすいため、JavaScript に限らず、あらゆるプログラミング言語で容易に JSON を扱うことができ、近年普及してきています。

IoT サービスにおいても、データを JSON の記法で作成することにより、組み込み機器とサーバー側アプリケーションとのデータ連携が簡単になります。

後述する IBM Watson IoT Platform（以下 Watson IoT Platform と呼びます）でも、mbed から送信するデータの形式を JSON で作成することを推奨しています。

以下に、メッセージ・ペイロード（ペイロードとは通信パケットのうちヘッダを除いたデータそのものを指します）の例を紹介します。ここでは読みやすくするために改行やインデントを加えていますが、実際には改行コードや余分な空白がない状態で送受信されます。

●単純なデータ

```
{
  "d": {"msg": "Hello World"}
}
```

"d"要素には、メッセージに入れて送信されるイベントまたはコマンドのすべてのデータを格納します。この"d"要素はメッセージの仕様上、必須の要素なので、データを送信しない場合は次の「データなし」の例のように、空オブジェクトとして作成する必要があります。

●データなし

```
{
  "d": {}
}
```

以下の例から、アプリケーションボードに搭載されたセンサーおよびジョイスティックの状態が"d"要素のデータとして格納されていることが分かります。このように、状態をキーと値の組み合わせで表現します。

●アプリケーションボードで拡張したmbedが送信するメッセージ・ペイロードの例

```
{
  "d": {
    "myName": "IoT mbed",
    "accelX": 0,
    "accelY": 0,
    "accelZ": 1.0314,
    "temp": 32.625,
    "joystick": "CENTRE",
    "potentiometer1": 0.883,
    "potentiometer2": 0.0156
  }
}
```

Watson IoT Platform

Watson IoT Platform [注2)]は、IBM社が提供するSaaS（Software as a Service）型のクラウドです。IoTサービスを提供しようとするユーザーは、Watson IoT Platformを利用することによって、モノ（インターネットに接続する組み込み機器）から収集したデータの活用を迅速に試してみることができます。

次節では、無料で利用することが可能なWatson IoT PlatformのQuickstartというモードを用います。mbedおよびアプリケーションボードからQuickstartのMQTTブローカーにデータを送信し、送信されたデータを確認します。

Quickstartは、Watson IoT Platformの機能のうち認証不要な範囲で試すことができる限定的な機能を提供しています。Watson IoT Platformは、MQTTブローカー機能のほか、IoT用途に

注2) http://internetofthings.ibmcloud.com/#/

最適化された機能や構成を提供しているため、Watson IoT Platform の特徴を以下に参考として記載します。

MQTT サーバーの構築作業が不要となる

MQTT クライアントのデバイス ID を登録すれば、Watson IoT Platform と MQTT 通信ができるようになります。デバイス ID は MQTT の自組織内で固有の値でなければなりませんが、MAC アドレスを用いることで簡便に実現できます。

通常 MQTT アプリケーションを利用するには、MQTT サーバーを用意して、ホスト名やポート番号、デバイス ID のフォーマット、トピックの構造、メッセージ・ペイロードの構造、認証の仕組みなどを検討して構成する必要があります。Watson IoT Platform の場合はこれらの検討・構成を行わなくても、すでに準備された環境を利用できるため、IoT サービス提供者は、アプリケーション開発や提供するサービスの価値検証に専念することができます。また前述したMQTT のサービス品質の QoS0 〜 2 のすべてを使用することができます。ただし、Watson IoT Platform は迅速に MQTT アプリケーションを利用できる反面、MQTT の全機能を使えないなどの制約があります。

データの収集と蓄積ができる

モノから送信されたデータを収集し、Watson IoT Platform 内部の時系列データベースに保管することができます。これにより、アプリケーションでデータの集計や分析を行い、データを視覚化することができます。

拡張性がある

IBM Bluemix（IBM 社が提供する PaaS（Platform as a Service）型クラウド。第 3 章以降で詳述します）と組み合わせて使用すると、より高度な IoT サービスを構築することもできます。

デバイスを Watson IoT Platform から管理することができる

Watson IoT Platform に登録したモノを管理することができます。

興味を持たれた方は、Watson IoT Platform のドキュメント[注3]を参考にしてください。

注3) https://console.ng.bluemix.net/docs/services/IoT/index.html

2.2 Watson IoT Platform Quickstartを体験する

ここからは実践編です。手順に沿ってIoTを試してみましょう。

Watson IoT Platformへサインインする

ブラウザでWatson IoT Platform[注4]へアクセスします。トップページの右上に「サインイン」のバナーがありますので、クリックしてください。

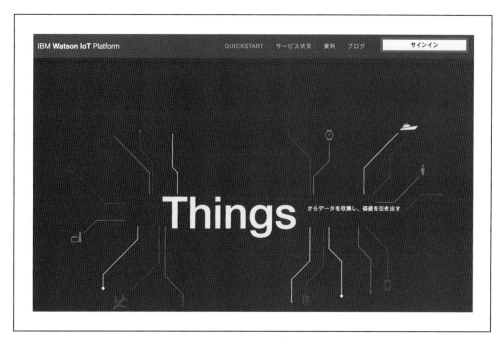

● 図2.2 Watson IoT Platform

IBMidによるサインインをうながすページへ遷移します[注5]。

Watson IoT PlatformのQuickstartは、Watson IoT Platformへの登録（サインアップ）なしで利用できますが、IBMidの登録は必要です。IBMidは無料で登録することができます。IBMidをお持ちでない方向けに登録手順を後述しますので、登録をご検討ください。

すでにIBMidをお持ちの方は、次の「IBMidの登録手順（未登録の方のみ）」を飛ばして「Watson IoT PlatformへIBMidでサインインする」へ進みましょう。

注4) http://internetofthings.ibmcloud.com/#/
注5) IBMidは、ページによってIBM ID、IBM id、IBM Identityといった表記ゆれがありますので、説明上は「IBMid」と表記します。また環境によって言語の異なるページが表示される場合がありますが、大まかな手順に違いはありません。

第2章　mbed から取得したセンサーデータを Web アプリケーションで可視化する

● 図2.3　IBMid を用いてログインする

IBMid の登録手順（未登録の方のみ）

　ここでは、IBMid をお持ちでない方向けに、IBMid の登録手順を説明します。紹介する手順のほかにも My IBM id[注6] から同様の手順で登録できます。

　IBMid について詳しく知りたい方は、ヘルプ[注7]を参照してください。

IBMid の登録手順概要

（1）Watson IoT Platform の「サインイン」から遷移したページ（図2.3）で「Create an IBMid.」をクリックします。

（2）「Sign up to IBMid」画面で、IBMid として使用する有効なメールアドレス、名前（名・姓）、現在お住まいの国／地域を入力し、IBM のプライバシー取扱基準を確認したのち「Continue」をクリックします。

注6）http://www.ibm.com/account/myibmid/jp/ja/
注7）http://www.ibm.com/account/profile/jp?page=regfaqhelp

2.2 Watson IoT Platform Quickstart を体験する

● 図2.4　IBMidの登録1

(3) (2)で入力したメールアドレスに「ibmacct@us.ibm.com」からメールが届きます。メール本文に記載された、確認コード（Confirmation code）を画面の「Confirmation code」にペーストして、「Sign up for an IBMid」をクリックしましょう。

33

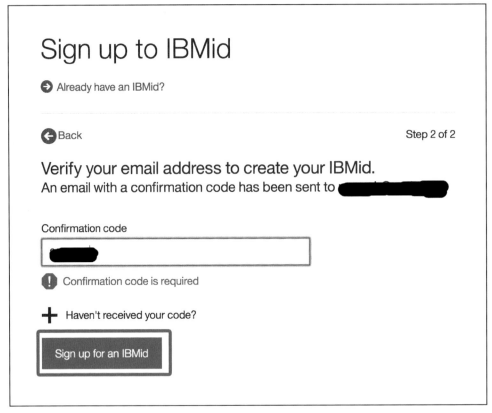

● 図2.5　IBMidの登録2

(4) 登録完了を通知する図2.6のメールが届いたら、IBMidの登録は完了です。

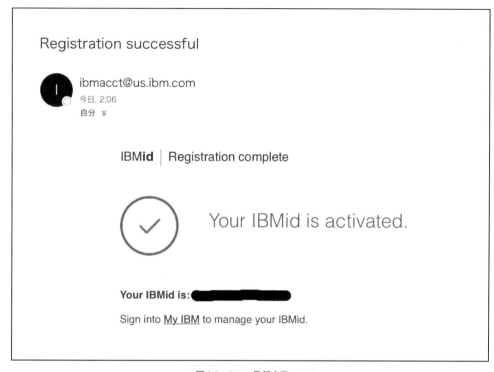

● 図2.6 IBMid登録完了メール

Watson IoT Platform へ IBMid でサインインする

　Watson IoT Platformのトップページ右上の「サインイン」をクリックし、IBMidおよびパスワードを順に入力してサインインします（図2.7、図2.8）。

第2章　mbedから取得したセンサーデータをWebアプリケーションで可視化する

● 図2.7　IBMidでのサインイン（IBMid入力）

● 図2.8　IBMidでのサインイン（パスワード入力）

正常にサインインできると、Watson IoT Platform のトップページ右上にご自身の IBMid が表示されます。IBMid をクリックすると、「どの組織のメンバーでもありません」というメッセージを確認できます（図2.9）。Watson IoT Platform へ未登録であることが分かります。

● 図2.9　Watson IoT Platform 未登録の状態を確認

これで、Watson IoT Platform の Quickstart を利用する準備ができました。

Quickstart を利用する

ページ上部の中央付近にある「QUICKSTART」をクリックしましょう（図2.10）。

● 図2.10　Quickstart

Quickstart では、ご自分の mbed のデバイス ID（確認方法は後述）を登録することでアプリケーションボードのセンサーなどの状態を Watson IoT Platform へ送信し、送信されたデータを時系列のグラフで見ることができます。

mbed からデータを送信するには、既存のプログラムをコンパイルして mbed へインストールします。

レシピを表示する

mbedをWatson IoT Platformへ接続するため、「物理デバイスをお持ちの場合」の下にある「レシピを表示」をクリックします（図2.11）[注8]。

● 図2.11 Quickstart

「developerWorks Recipes」が開き、さまざまなレシピが表示されますが、これから利用するレシピを検索するため、検索バーに「arm mbed iot starter kit part1」という文字列を入力し、検索してください（図2.12）。

注8) mbedやアプリケーションボードが手元にないときは、Quickstartの「デバイスがない場合」のレシピを参考にしてシミュレーターを使用すれば、すぐにQuickstartの動作を体験することができます。ご興味があれば、ぜひ試用してみてください。

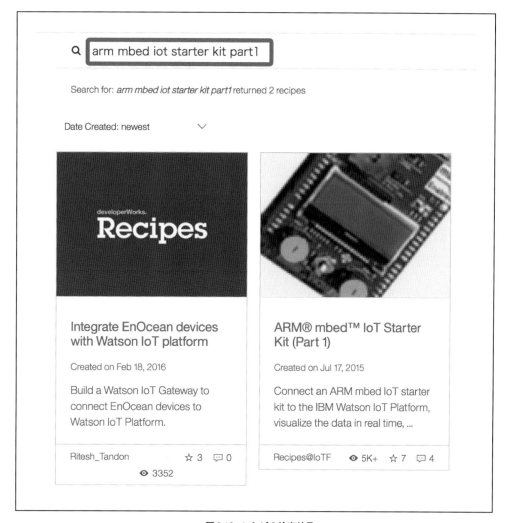

● 図2.12 レシピの検索結果

　検索結果から「ARM mbed IoT Starter Kit (Part 1)[注9]」を選択します。選択して開いたページ（レシピパレット）には、このレシピを実行するために必要なもの、事前準備、手順が記載されています（図2.13）。ここでは以降の手順を実施するために必要な情報のみを抜粋して紹介していきます。

注9) https://developer.ibm.com/recipes/tutorials/arm-mbed-iot-starter-kit-part-1/

第 2 章 mbed から取得したセンサーデータを Web アプリケーションで可視化する

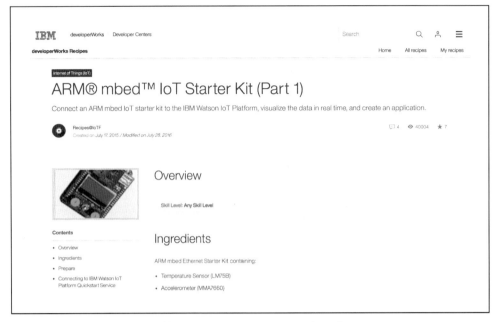

● 図 2.13 ARM mbed IoT Starter Kit (Part 1)

必要な準備

mbed とアプリケーションボード、それからインターネットに接続できる環境と LAN ケーブルがあれば準備は OK です。

レシピには「ARM mbed Ethernet Starter Kit」を利用すると記載されていますが、温度センサー（LM75B）、3 軸加速度センサー（MMA7660）、ポテンショメーター、およびジョイスティックは、アプリケーションボードにも搭載されていますので問題ありません。

クライアント側の手順

ここからは、Watson IoT Platform へ登録する mbed のデバイス ID の確認と、アプリケーションボードに搭載されたセンサーなどのデータを送信する準備を行います。

mbed への「IBMIoTClientEthernetExample」のインストール

ブラウザで ARM mbed Developer Site[注10] を開き、ログインします。

ログインを済ませたらユーザー名の右にある「Compiler」をクリックして、オンライン IDE を開きましょう。

注10) http://developer.mbed.org/

2.2 Watson IoT Platform Quickstartを体験する

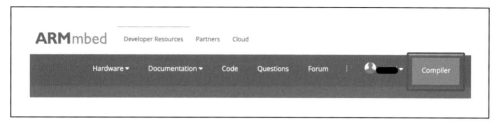

● 図2.14 オンラインIDEを開く

オンラインIDEのメニューの「インポート」からインポートウィザードを開きます。キーワードとして「IBMIoTClientEthernetExample」を入力し、「検索」ボタンをクリックしてください（図2.15）。

● 図2.15 インポートするプログラムの検索

検索結果から、mbed LPC1768用のプログラムを選び、「インポート！」をクリックします（図2.16）。

● 図2.16 IBMIoTClientEthernetExampleのインポート1

Import Programダイアログボックスで「Import」をクリックします（図2.17）。

第2章　mbedから取得したセンサーデータをWebアプリケーションで可視化する

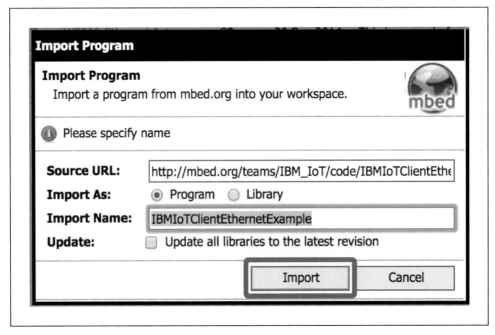

● 図2.17　IBMIoTClientEthernetExample のインポート2

インポート済みのプログラムを、「コンパイル」をクリックしてコンパイルします（図2.18）。

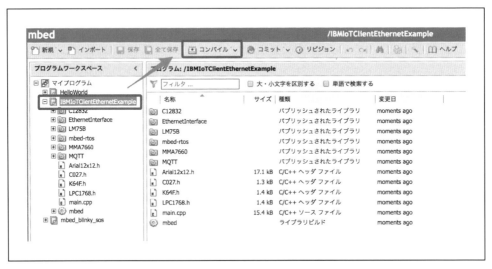

● 図2.18　IBMIoTClientEthernetExample のコンパイル

　成功すると、バイナリファイル（IBMIoTClientEthernetExample_LPC1768.bin）がダウンロードされます。mbedをPCのUSBポートへ接続し、OSからMBEDドライブが認識されたことを確認した上で、MBEDドライブへバイナリファイルをコピーします（図2.19）。

2.2 Watson IoT Platform Quickstartを体験する

● 図2.19　IBMIoTClientEthernetExample_LPC1768.binのmbedへのコピー

MBEDドライブをPCから取り出します。

アプリケーションボードがmbedに接続されていない場合は、mbedとアプリケーションボードを接続してください（PCからmbedを取り外した後に接続します）。

mbed基板中央のリセットボタンを押すと、アプリケーションボードの液晶モニタに、次の文字列が表示されます（図2.20）。

```
IBM IoT Cloud
Scroll with joystick
```

● 図2.20　プログラム実行結果1

液晶モニタの右脇にある「Joystick」と書かれた小さな白い突起を上下に傾けると、液晶モニタに表示される文字列が変わっていきます。

ジョイスティックを2回、下に傾けると、「Device Identity:」という文字列とともに、12文字の数字とアルファベットが表示されます（図2.21）。これが皆さんのmbedを識別するデバイスIDです。後ほどデバイスIDをWatson IoT PlatformのQuickstartへ登録しますので、控えておくか表示させておきましょう。

● 図2.21　プログラム実行結果2

　Watson IoT PlatformとmbedがMQTTで通信するためには、mbedがインターネットにつながっている必要があります。
　アプリケーションボードのLANポートにLANケーブルを接続し、もう片方のコネクタをルーターに接続してください。インターネットへの接続にmbedが成功すると、アプリケーションボードのRGB LEDが緑色に光ります（途中段階では赤色や黄色に点滅しますが、正常に接続できたタイミングで緑色になります）。
　MQTTでデータを送るための準備ができたことは、ジョイスティックをスクロールしてMQTTのステータスが「Connected」になっていることで確認できます（図2.22）。もし「Disconnect」のまま状態が変わらない場合は、アプリケーションボードとルーターがLANケーブルで正しく接続されているかを確認してください。ジョイスティックでスクロールすると、IPアドレスの取得状態やデフォルト・ゲートウェイが正しい設定になっているかを確認することができますので、問題判別に役立ちます。
　以上でクライアント側の準備は終了です。

2.2 Watson IoT Platform Quickstartを体験する

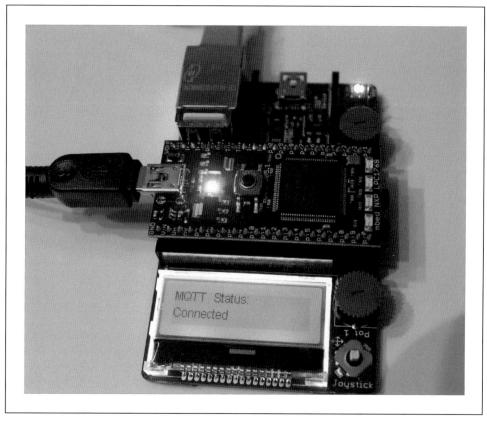

● 図2.22 プログラム実行結果3

Quickstartでmbedが送信したデータを見る

Quickstartに戻りましょう。IBMご利用条件に同意し、デバイスIDを入力してから「進む」をクリックします（図2.23）。

第2章　mbedから取得したセンサーデータをWebアプリケーションで可視化する

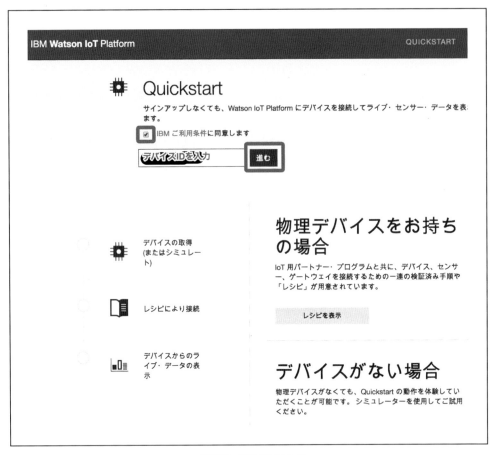

● 図2.23　デバイスID入力

　しばらくすると、mbedから得られた各種センサーなどの状態を示すデータが、時系列の折れ線グラフとして表示されます（図2.24）。
　初期表示では3軸加速度センサー（MMA7660）のaccelXの値が折れ線グラフで表示されますが、他の項目（例ではtemp）をクリックすると、該当データ（tempの場合は温度）のグラフに切り替わります（図2.25）。
　グラフの下部には、statusイベントで送信されたJSONデータのデータ・ポイント（キー）と値、およびタイムスタンプがリアルタイムで表示されます。
　mbedおよびアプリケーションボードを傾けたり、ジョイスティックを上下左右に動かしたりして、値が変わることを確認しましょう。
　また、他のデータ・ポイントのグラフに切り替えて見てみましょう。

2.2 Watson IoT Platform Quickstart を体験する

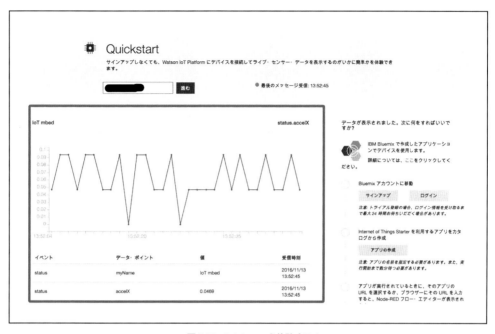

● 図2.24 Quickstart を体験する 1

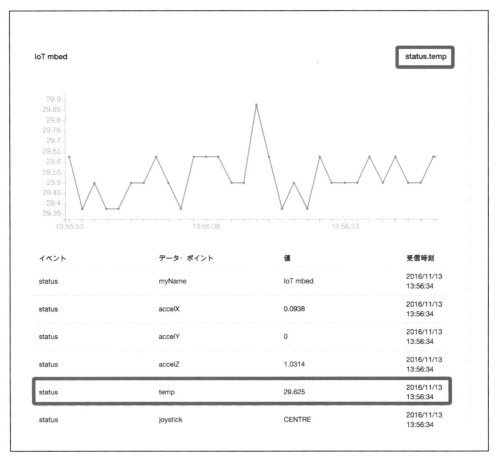

● 図 2.25　Quickstart を体験する 2

2.3　本章のまとめ

　本章では、アプリケーションボードで mbed を拡張し、JSON 形式のセンサーデータを Watson IoT Platform の Quickstart という MQTT ブローカーに送信して、Quickstart からリアルタイムにデータを見るところまでを実践しました。また、MQTT や JSON という技術がどのような特徴を持ち、IoT のどこに用いられているのかを学びました。

　本章は 1 行もコードを書かずに IoT の世界を体験しましたが、次章以降はアプリケーション開発も行いながら、簡単な IoT サービスを試作します。

第**3**章

センサーのデータを
Webサーバーに送付する
mbedアプリケーションを
作成する

前章ではIBM Watson IoT Platformを利用してコードを
書かずにIoTの世界を体験しましたが、本章と次章では
アプリケーション開発にチャレンジしてみます。具体的
には開発したPHPアプリケーションをDocker対応させ
て、IBM Bluemix上のDockerコンテナ（IBM Containers
上）で稼働させてみます。

第3章 センサーのデータをWebサーバーに送付するmbedアプリケーションを作成する

mbed には HTTPClient のライブラリがあるため、HTTP プロトコルで POST リクエストを Web サーバーに対して送信するアプリケーションの開発が比較的容易にできます。POST リクエストで送信されたセンサーの情報を受け付ける Web アプリケーションを、IBM Containers 上に PHP で作成してみます。つまり、IoT のサーバーといっても、よくある Web サーバーを構築すれば良いのです。

3.1 本章のアプリケーションの概要

mbed のセンサーで測定した温度に簡単なテキストのメモを追加し、サーバーへ POST リクエストのデータとして送信するアプリケーションを作成します。使用するデバイスは1台ですが、今後追加することを考慮しておきましょう。そのためにデバイス識別用のデバイス ID をそれぞれの mbed で持つようにします。

データ送信時にはデバイス ID を付与して送信してくるものとします。つまり、mbed からの送信データは HTTP の POST リクエストで、**デバイス ID（deviceid）**、**温度（temperature）**、**メモ（memo）** の3項目になります（1）。

また、送られてきたデータを時系列に管理したいので、サーバー側でデータをためる際には日時（datetime）を付与して記録します（2）。

データベースのテーブルの列は、デバイス ID（deviceid）、温度（temperature）、メモ（memo）、日時（datetime）とします。データベースは MySQL を使用して、varchar(8)、float、varchar(20)、timestamp のデータ型で実装します。

最後にデータベースに収集されたデータを表示する PHP アプリケーションも実装します（3）。

データを受信するサーバーの PHP アプリケーションは **writedb.php** とし、受信したデータを表示する PHP アプリケーションを **readdb.php** とします。

Web サーバーは、最近利用者の増えている軽量 Web サーバーである nginx を使います。

構成を図3.1に示します。

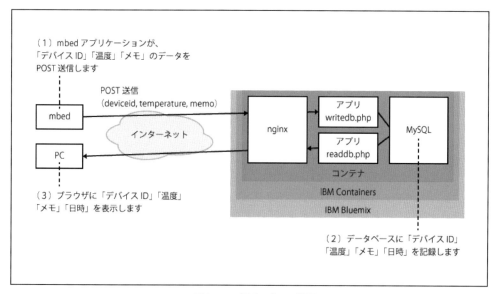

● 図3.1　アプリケーション概要

3.2　環境の準備

　mbed用のアプリケーションは、これまでと同様にオンラインIDEで開発します。サーバー側の開発環境のホストOSは、Linux（Ubuntu 14.04 LTS）を使うことにします。開発環境にはDockerおよびIBM Containers用Cloud Foundryプラグインを導入します。

　サーバー側のアプリケーションとしては、開発環境でPHPアプリケーションと、それを実行するためのMySQL、nginx、PHP関連モジュールを導入したコンテナイメージを作成します。そして完成したコンテナイメージをIBM Containers用Cloud Foundryプラグインで、IBM Bluemix上のIBM Containersにデプロイするという流れになります。

　なお、開発環境のホストOSで実行する場合のプロンプトを**$**、コンテナ上で実行する場合のプロンプトは**Container>**とします。

第3章 センサーのデータをWebサーバーに送付するmbedアプリケーションを作成する

3.3 mbedアプリケーションの開発

オンラインIDEを使用してmbedアプリケーションを開発します。第1章の「新しいプログラムを作成する」の手順に従い、「IoTkajiCli」という名前で新しいプログラムを作成します。

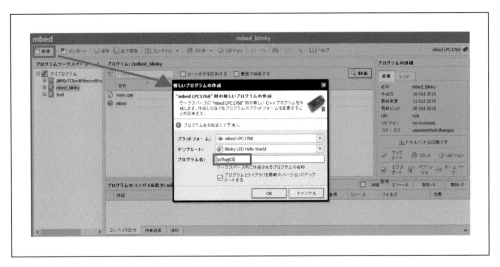

● 図3.2 新しいプログラムの作成

生成されたmain.cppを開き、プログラムを記述して保存します。概要で述べたように本章のレシピは、デバイスID（deviceid）、温度（temperature）、メモ（memo）の3項目をWebサーバーへHTTPでPOST送信するアプリケーションです。

処理の内容は次のようになります。

- **(1)** 液晶画面をクリアしてからDHCPから取得したIPアドレスを表示します。
- **(2)** ここでは一旦、20回送信したら終了することにします。
- **(3)** 温度センサーの情報を取得します。
- **(4)** POSTするためのデータを作成します。
- **(5)** サーバーのURLを指定してPOSTします。サーバーのURLは、最終的にはIBM Containers上で割り当てられるものを使用しますが、ご自身の環境に合わせて記載してください。
- **(6)** 送信できていることの確認ができるように、POSTした返り値を温度と一緒に液晶画面に表示します。
- **(7)** 接続を切断します。

● mbedアプリケーション

```
#include "mbed.h"
#include "LM75B.h"
#include "C12832.h"
#include "EthernetInterface.h"
#include "HTTPClient.h"
```

3.3 mbed アプリケーションの開発

```cpp
LM75B sensor(p28,p27);
C12832 lcd(p5, p7, p6, p8, p11);
HTTPClient http;

int main() {
    EthernetInterface _eth;
    _eth.init();
    _eth.connect();

    char _tstr[512];
    char _temp[7];
    int _res;
    int index=0;

    // (1) 液晶画面をクリアしてからDHCPから取得したIPアドレスを表示します。
    lcd.cls();
    lcd.locate(0,3);
    lcd.printf("IP Address is %s\n", _eth.getIPAddress());

    // (2) ここでは一旦、20回送信したら終了することにします。
    while(index<20){
        lcd.locate(0,4);
        // (3) 温度センサーの情報を取得します。
        if (sensor.open()) {
            // 温度情報をfloat型から文字列へ変換します。
            sprintf(_temp,"%6.3f",sensor.temp());
        } else {
            error("Device not detected!\n");
        }

        // (4) POSTするためのデータを作成します。
        HTTPMap  _map;
        HTTPText _text(_tstr, 512);

        // POSTで送信するためdeviceidの値をセットします。
        _map.put("deviceid","MBED1234");

        // POSTで送信するためtemperatureとして計測した温度の値をセットします。
        _map.put("temperature",_temp);

        // メモとしてテストであることを書いておきます。
        _map.put("memo","mbed iotkaji");

        // (5) サーバーのURLを指定してPOSTします。
        // URLはご自身の環境に合わせて記載してください。
        _res = http.post("http://XXX.XXX.XXX.XXX/writedb.php", _map,
&_text);

        // (6) POSTした返り値を温度と一緒に液晶画面に表示します。
        lcd.cls();
        lcd.locate(0,3);
        lcd.printf("Temp = %s/Return code is %d\n",_temp,_res);

        // 送信は1秒に1回に制限します。もっと高頻度で送信できますが、室温なのでまあいいでしょ
う。
        wait(1.0);
        index++;
    }
    // (7) 接続を切断します。
    _eth.disconnect();
}
```

53

deviceid と memo は、好きな値で構いません。サーバーの URL は、最終的には IBM Containers 上で割り当てられるものを使用します。

3.4 ライブラリのインポート

アプリケーションボードの液晶画面に情報を表示させたいので、C12832 ライブラリをインポートしましょう。

オンライン IDE のインポートボタンをクリックして、インポートウィザードを開きます。

● 図 3.3　C12832 のインポート

ダイアログボックスが表示されますので、Update: にチェックを付けてインポートします。

3.4 ライブラリのインポート

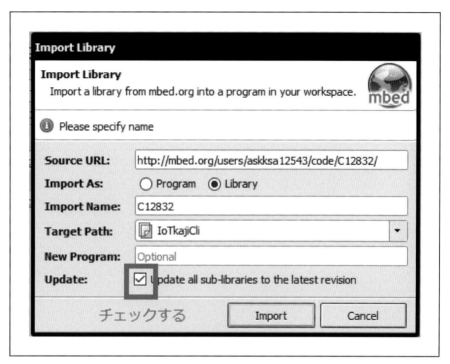

● 図3.4 C12832のインポートダイアログ

温度センサーを使用しますので、同様にLM75Bライブラリをインポートします。ただし、このときfeature complete driverのものを選びます。

● 図3.5 LM75Bのインポート

さらにサーバーとの通信のためEthernetInterfaceもインポートします。作成者がmbed officialのライブラリを選びます。

第3章 センサーのデータをWebサーバーに送付するmbedアプリケーションを作成する

● 図3.6 EthernetInterfaceのインポート

　EthernetInterfaceライブラリは、mbed-rtosライブラリを必要としますのでインポートします。こちらも作成者がmbed officialのライブラリを選びます。

● 図3.7 mbed-rtosのインポート

　最後にサーバーとのHTTP通信のためにHTTPClientをインポートします。まずARM mbed Developer Siteの右上にあるサーチ機能で「HTTPClient」を検索します。

3.5 サーバー側開発環境の準備

● 図3.8 HTTPClientの検索

検索結果の「HTTP Client | mbed」を選択します。

● 図3.9 HTTPClientの検索結果

HTTPClientのライブラリをインポートする画面が表示されますので、「Import library」ボタンを押します。

第3章 センサーのデータをWebサーバーに送付するmbedアプリケーションを作成する

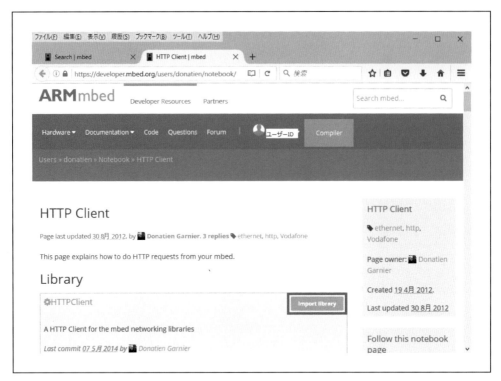

● 図3.10 HTTPClient ライブラリのインポートライブラリ

　ダイアログボックスが表示されますので、Target Path: にプログラム名を入力し、Update: にチェックを付けてインポートします。

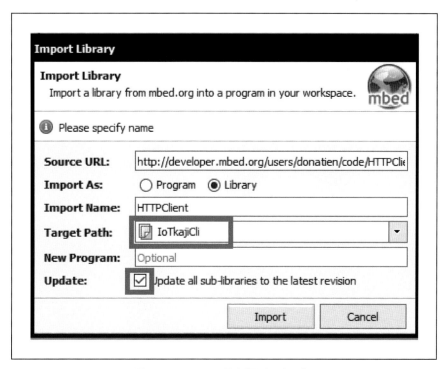

● 図3.11 HTTPClient ライブラリのインポート

プログラムがコンパイルできることを確認します。コンパイルが成功すると実行ファイルが作成されてローカルPCへ保存するかどうかを確認されますのでOKを押します。

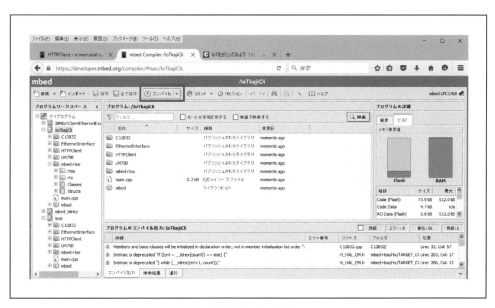

● 図3.12 コンパイル

以上でmbed側の開発は完了です。

3.5 サーバー側開発環境の準備

それではサーバー側の開発環境を準備します。開発環境でDockerのコンテナイメージを作成して、DockerHubに保管します。できたコンテナイメージは、Bluemix上のIBM Containersへpushして、Bluemix画面からコンテナを実行します。

開発環境も含めた構成を図3.13に示します。

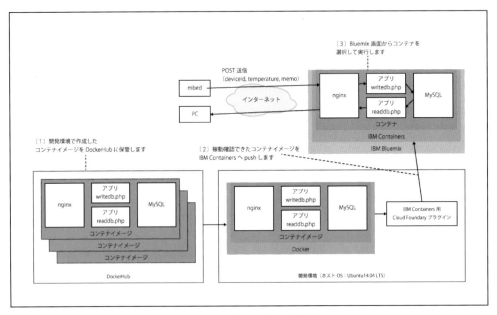

● 図3.13 アプリケーション概要2

コンテナイメージを作成してIBM Bluemixへデプロイできるように、IBM Containersの資料サイト[注1]を参照しながら、開発環境のホストOSにDockerとIBM Containers用Cloud Foundryプラグインをインストールします。

ここからは、開発環境のホストOS上で作業します。

3.6 Dockerの導入

Dockerのサイト[注2]を参照して、Dockerをインストールします。OSごとにインストール方法が記載されていますので、ここではイメージを作成するホストOSに合わせてUbuntu14.04用を参照します。

なお、Dockerの基本的な操作については解説しませんので、Dockerの基本については他の書籍などを参照してください。まずは、推奨パッケージを導入します。

注1) https://console.ng.bluemix.net/docs/containers/container_cli_cfic.html

注2) https://docs.docker.com/

apt のリポジトリを更新します。

```
$ sudo apt-key adv --keyserver hkp://p80.pool.sks-keyservers.net:80 --recv-
keys 58118E89F3A912897C070ADBF76221572C52609D
$ sudo vi /etc/apt/sources.list.d/docker.list
```

Ubuntu14.04 の場合は、次の行を書き込みます。

```
deb https://apt.dockerproject.org/repo ubuntu-trusty main
```

linux-image-extra カーネルパッケージを導入します。

```
$ sudo apt-get update
$ sudo apt-get install linux-image-extra-$(uname -r) linux-image-extra-
virtual
```

ここで再起動します。

```
$ sudo reboot
```

IBM Containers の資料サイト[注3]を参照し、docker-1.8.1 の入手先からホスト OS を選択して適切なバイナリをダウンロードします。

IBM Containers がサポートする Docker のバージョンも、執筆時点とは変わっているかもしれないので、確認した上で適切なバージョンを使用してください。ここでは、Linux 64bit を選択します。

```
$ sudo apt-get install docker-engine=1.8.1-0~trusty
```

docker サービスを再起動します。

```
$ sudo service docker restart
```

インストールされたバージョンを確認しておきます。

```
$ sudo docker version
Client:
 Version:      1.8.1
 API version:  1.20
 Go version:   go1.4.2
 Git commit:   d12ea79
 Built:        Thu Aug 13 02:49:29 UTC 2015
 OS/Arch:      linux/amd64
```

注3) https://console.ng.bluemix.net/docs/containers/container_cli_cfic.html#container_cli_cfic_install

第3章　センサーのデータをWebサーバーに送付するmbedアプリケーションを作成する

```
Server:
 Version:       1.8.1
 API version:   1.20
 Go version:    go1.4.2
 Git commit:    d12ea79
 Built:         Thu Aug 13 02:49:29 UTC 2015
 OS/Arch:       linux/amd64
```

3.7　Cloud Foundry CLIの準備

　ここでアプリケーションを実行するIBM Containersの、資料サイト[注4]に戻ります。Cloud Foundry CLIをGitHubからダウンロード[注5]します。

　ここでは、Linux 64 bit binaryを選択しますが、使用されている開発環境に合わせてダウンロードしてください。また、指示に従ってパスを通しておきます。

　バージョンが6.14.0 〜 6.21.0であることを確認します。

```
$ cf -v
cf version 6.14.0+2654a47-2015-11-18
```

　次にIBM Containers Cloud Foundryプラグインをインストールします。

```
$ cf install-plugin https://static-ice.ng.bluemix.net/ibm-containers-
linux_x64
```

　次のコマンドで、インストールされたプラグインとそのバージョンを確認します。

```
$ cf plugins
Plugin name       Version   Command name    Command Help
IBM-Containers    0.8.964   ic              IBM Containers plug-in
```

3.8　DockerHubリポジトリの作成

　DockerHub[注6]は、Docker社の提供するコンテナイメージのリポジトリです。インターネット上でコンテナイメージを公開したり、共有したりできます。

　DockerHubにアカウントがない場合は、図3.14のようにDockerHubのトップページからアカウントを作成できます。

注4) https://console.ng.bluemix.net/docs/containers/container_cli_cfic.html#container_cli_cfic_install

注5) https://github.com/cloudfoundry/cli/releases

注6) https://hub.docker.com/

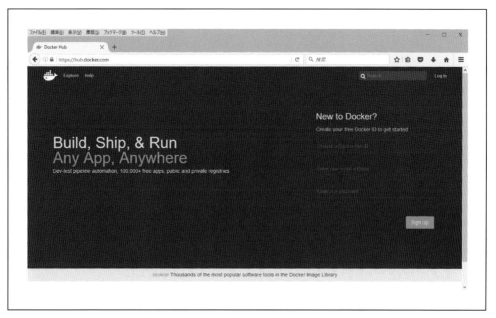

● 図3.14 DockerHub トップ画面

　作成するリポジトリは、（ユーザーID）/リポジトリ名です。ここではsusumutani3/iotkajiを作成しますが、本章と次章ではsusumutani3/iotkajiを皆さんが作成した名前に読み替えてください。

3.9　Dockerによるコンテナイメージの作成

　ここからは、開発環境のDockerを利用して、アプリケーションを実行するためのコンテナイメージを作成していきます。このときMySQL、PHP、nginxを導入したコンテナイメージにします。

3.10　MySQLの導入と準備

　Ubuntuの公式イメージにMySQLをインストールします。docker runコマンドで、Ubuntuのイメージをコンテナ名settingup1として実行し、同時にコンテナ上の/bin/bashにアクセスします。このとき、Ubuntuの公式イメージが自動でダウンロードされます。

```
$ sudo docker run --name settingup1 -it ubuntu /bin/bash
```

　次のコマンドを実行して、MySQLサーバーをインストールします。途中でrootユーザーのパスワード設定を求められます。好きなパスワードを設定してください。

第 3 章　センサーのデータを Web サーバーに送付する mbed アプリケーションを作成する

```
Container> apt-get update
Container> apt-get -y install mysql-server
```

　執筆時点では MySQL の 5.7.17 が導入されます。さらに vim をインストールした上で、コンテナ外部からの MySQL へのアクセスを許可するため /etc/mysql/mysql.conf.d/mysqld.cnf を編集します。

```
Container> apt-get install vim
Container> vim /etc/mysql/mysql.conf.d/mysqld.cnf
```

変更箇所：bind-address の行をコメントアウトします。
　MySQL サーバーの起動ユーザーである mysql のホームディレクトリとして /home/mysql を作成します。

```
Container> mkdir /home/mysql
Container> chown mysql.mysql /home/mysql
Container> usermod -d /home/mysql mysql
```

　MySQL サーバーを起動します。

```
Container> service mysql start
```

　MySQL サーバーへログインします。

```
Container> mysql -u root -p
```

　バージョン表示などの後に MySQL サーバーのプロンプト（mysql>）が表示されます。
　続いて SampleIotDB という名前のデータベースを作成します。

```
mysql> create database SampleIotDB;
```

　PHP アプリケーションからデータベースへ接続するためのユーザーを作成します。ここではユーザー ID を user_iot として、パスワードは pass_iot とします。

```
mysql> grant all on SampleIotDB.* to user_iot@localhost identified by
'pass_iot';
Query OK, 0 rows affected (0.30 sec)
```

64

次のコマンドでユーザー ID が作成できていることを確認します。下記のように表示されます。

```
mysql> select user,host from mysql.user where user='user_iot';
+----------+-----------+
| user     | host      |
+----------+-----------+
| user_iot | localhost |
+----------+-----------+
1 row in set (0.00 sec)
```

作成した SampleIotDB へ切り替えます。

```
mysql > use SampleIotDB;
```

mbed のデバイスからデータを集めるテーブルを作成します。概要でも述べたように、デバイス ID（deviceid）、温度（temperature）、メモ（memo）に加えて日時（datetime）も持たせることにします。データ型は、それぞれ varchar(8)、float、varchar(20)、timestamp とします。

プロンプトに対して次の SQL を入力してください。

```
mysql> create table sample1_tbl
    -> (deviceid varchar(8),
    -> temperature float(8),
    -> memo varchar(20),
    -> datetime timestamp);
Query OK, 0 rows affected (0.02 sec)
```

テーブルが作成できていることを確認します。次のコマンドでテーブルの各列が正しくできていることを確認します。下のように表示されていれば OK です。

```
mysql> describe sample1_tbl;
+-------------+-------------+------+-----+-------------------+-----------------------------+
| Field       | Type        | Null | Key | Default           | Extra                       |
+-------------+-------------+------+-----+-------------------+-----------------------------+
| deviceid    | varchar(8)  | YES  |     | NULL              |                             |
| temperature | float       | YES  |     | NULL              |                             |
| memo        | varchar(20) | YES  |     | NULL              |                             |
| datetime    | timestamp   | NO   |     | CURRENT_TIMESTAMP | on update CURRENT_TIMESTAMP |
+-------------+-------------+------+-----+-------------------+-----------------------------+
4 rows in set (0.00 sec)
```

一旦接続を終了します。

第 3 章　センサーのデータを Web サーバーに送付する mbed アプリケーションを作成する

```
mysql> quit
```

そして、先ほど作成した user_iot で SampleIotDB を指定してログインします。パスワード入力を求められますので、入力します。

```
Container> mysql -u user_iot -p SampleIotDB
```

作成した sample1_tbl テーブルを照会してエラーにならないことを確認します。

```
mysql> select * from sample1_tbl;
Empty set (0.00 sec)
```

これで MySQL の導入と準備は完了ですので、接続を終了して MySQL も停止します。

```
mysql> quit

Container> service mysql stop
```

続いてコンテナのイメージを保存するためにコンテナから抜けます。［Ctrl］＋［P］［Q］キーを押します。
抜けた後もコンテナがまだ稼働していることを docker ps コマンドで確認し、docker stop コマンドで停止します。

```
$ sudo docker ps

CONTAINER ID        IMAGE               COMMAND             CREATED
STATUS              PORTS               NAMES
e7bbdd07c7ef        ubuntu              "/bin/bash"         32 minutes ago
Up 32 minutes                           settingup1

$ sudo docker stop settingup1
```

停止した後に、このコンテナのスナップショットをコンテナイメージとして保存します。

```
$ sudo docker commit <コンテナ名> <リポジトリ名>:<タグ名>
```

DockerHub に作成したリポジトリに合わせて、リポジトリ名を susumutani3/iotkaji、タグ名にはバージョンを持たせて v1 とします。

```
$ sudo docker commit settingup1 susumutani3/iotkaji:v1
```

次のように docker images コマンドで、susumutani3/iotkaji:v1 のイメージが新しく作成されていることを確認します。

66

```
$ sudo docker images
REPOSITORY              TAG             IMAGE ID         CREATED
VIRTUAL SIZE
susumutani3/iotkaji     v1              25d85858f0ee     26 seconds
ago      587.8 MB
ubuntu                  latest          103d358b91a9     11 weeks ago
128.2 MB
```

先ほど停止したコンテナのスナップショットを削除しておきます。

```
$ sudo docker rm settingup1
```

3.11 nginx、php7.0-fpm、php7.0-mysql の導入と準備

　次に susumutani3/iotkaji:v1 イメージをもとにして、nginx と PHP 関連モジュールをインストールしたイメージを作成します。MySQL と違ってインストール中にパスワード設定することはないため、ここからは Dockerfile を使用します。ホスト OS 上で適当なディレクトリを作成します。

```
$ mkdir ~/iotkaji_docker
```

　作成したディレクトリに、次の Dockerfile、起動用シェル、接続確認用テストファイルを置きます。

● Dockerfile（~/iotkaji_docker/Dockerfile）

```
# Dockerfile for IoTかじってみよう nginx,php7.0-fpm,php-mysql
FROM susumutani3/iotkaji:v1

MAINTAINER Susumu Taniguchi

RUN apt-get -y -q update
RUN apt-get -y -q install nginx
RUN apt-get -y -q update
RUN apt-get -y -q install php7.0-fpm


# /etc/nginx/sites-available/defaultの変更
# オリジナルのファイルを事前に退避します。
RUN cp -p /etc/nginx/sites-available/default \
        /etc/nginx/sites-available/default.org

# server{}内のindexの設定を追加します。
RUN sed -i -e "s/index index.html index.htm \
index.nginx-debian.html;/index index.html \
index.htm index.nginx-debian.html index.php;/g" \
/etc/nginx/sites-available/default
# location ~\.php${}のコメントアウトは後ほどコンテナ実行後に編集します。
```

第3章　センサーのデータをWebサーバーに送付するmbedアプリケーションを作成する

```
RUN apt-get -y -q install php7.0-mysql

# /etc/php/7.0/fpm/php.iniの変更
# オリジナルのファイルを事前に退避します。
RUN cp -p /etc/php/7.0/fpm/php.ini /etc/php/7.0/fpm/php.ini.org
# 過去のphpとの互換性のためのパラメータであるcgi.fix_pathinfoについて、
# コメントアウトを外して値を0にします。
RUN sed -i -e "s/;cgi.fix_pathinfo=1/cgi.fix_pathinfo=0/g"
/etc/php/7.0/fpm/php.ini
# MySQLサーバーへ接続するためのデフォルトソケットのパスを記入します。
RUN sed -i -e "s/pdo_mysql.default_socket=/pdo_mysql.default_socket=\
\/run\/mysqld\/mysqld.sock/g" /etc/php/7.0/fpm/php.ini

# nginxをフォアグラウンドで実行させます。
RUN cp -p /etc/nginx/nginx.conf /etc/nginx/nginx.conf.org
RUN echo "daemon off;" >> /etc/nginx/nginx.conf

# 接続確認用テストファイル
ADD test.php /var/www/html/test.php

# 起動用シェルは設定ファイルを編集してから使うためCMDの引数にはまだしません。
ADD init.sh /usr/local/bin/init.sh
RUN chmod 755 /usr/local/bin/init.sh

CMD ["/bin/bash"]
```

●起動用シェル（~/iotkaji_docker/init.sh）

```
#!/bin/bash

service mysql start
service php7.0-fpm start
service nginx start

exec /bin/bash
```

●接続確認用テストファイル（/iotkaji_docker/test.php）

```
<?php
phpinfo();
?>
```

　作成したDockerfileを使用して、リポジトリ名とタグ名がsusumutani3/iotkaji:v2というイメージを作成します。

```
$ sudo docker build -t susumutani3/iotkaji:v2 ~/iotkaji_docker
```

　イメージが作成できていることを確認します。

```
$ sudo docker images
REPOSITORY            TAG            IMAGE ID          CREATED
VIRTUAL SIZE
susumutani3/iotkaji   v2             00aaae506e1a      21 seconds
ago      661 MB
susumutani3/iotkaji   v1             25d85858f0ee      9 minutes ago
587.8 MB
```

68

```
ubuntu              latest              103d358b91a9        11 weeks ago
128.2 MB
```

作成したイメージのコンテナを実行します。

```
$ sudo docker run --name settingup2 -it -p 80:80 susumutani3/iotkaji:v2
```

3.12　nginxの設定

nginxでPHPを利用できるようにするための設定変更を行います。

実行したコンテナ上で、/etc/nginx/sites-available/default の location ~ \.php$ ｜｜のコメント
アウトを外します。

```
Container> vi /etc/nginx/sites-available/default
```

変更箇所：51行目から58行目の location ~ \.php$ ｜｜のコメントアウトを外します。

また、fastcgi_pass の設定を行うのですが、php7.0-fpm を使用するため、php7.0-cgi 用の設定
はコメントアウトのままにしておきます。

●修正前

```
51          #location ~ \.php$ {
52          #           include snippets/fastcgi-php.conf;
53          #
54          #           # With php7.0-cgi alone:
55          #           fastcgi_pass 127.0.0.1:9000;
56          #           # With php7.0-fpm:
57          #           fastcgi_pass unix:/run/php/php7.0-fpm.sock;
58          #}
```

●修正後

```
51          location ~ \.php$ {
52                      include snippets/fastcgi-php.conf;
53          #
54          #           # With php7.0-cgi alone:
55          #           fastcgi_pass 127.0.0.1:9000;
56          #           # With php7.0-fpm:
57                      fastcgi_pass unix:/run/php/php7.0-fpm.sock;
58          }
```

このとき、36行目の root の後に書かれたディレクトリが、HTMLコンテンツを置くディレク
トリになります。

```
36          root /var/www/html;
```

保存します。

3.13 稼働確認

コンテナ上でMySQLとnginxとPHP関連モジュールを起動します。

```
Container> /usr/local/bin/init.sh
```

次にホストOS上のブラウザでhttp://localhost/test.php[注7]へアクセスします。図3.15のような画面が表示されたら、nginxとPHPが有効になっています。

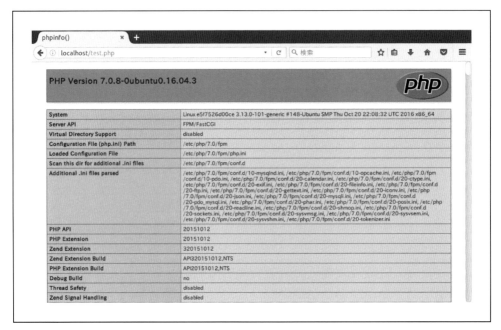

● 図3.15 Firefoxでの表示結果

もしくはVirtualBoxのような仮想環境のゲストOSとしてUbuntuの環境を構築している場合は、別のターミナルから次のコマンドを実行します。

```
$ sudo apt-get install w3m
$ w3m http://（ゲストOSのIPアドレス）/test.php
```

注7) http://localhost/test.php

3.13 稼働確認

```
[×][○][□]  susumu@iotkaji1404: ~/iotkaji_docker
PHP logo

PHP Version 7.0.8-0ubuntu0.16.04.3

System          Linux e5f7526d00ce 3.13.0-101-generic #148-Ubuntu SMP Thu Oct 20
                22:08:32 UTC 2016 x86_64
Server API      FPM/FastCGI
Virtual
Directory       disabled
Support
Configuration
File            /etc/php/7.0/fpm
(php.ini)
Path
Loaded
Configuration   /etc/php/7.0/fpm/php.ini
File
Scan this dir
for             /etc/php/7.0/fpm/conf.d
additional
.ini files
                /etc/php/7.0/fpm/conf.d/10-mysqlnd.ini, /etc/php/7.0/fpm/conf.d/
                10-opcache.ini, /etc/php/7.0/fpm/conf.d/10-pdo.ini, /etc/php/7.0/
《↑↓Viewing <phpinfo()>
```

● 図 3.16　w3m での表示結果

　うまくアクセスできなかったときは、次の場所にある nginx のアクセスログを調べるとヒント
が得られるでしょう。

```
/var/log/nginx/access.log
/var/log/nginx/error.log
```

cat コマンドによる出力例は次の通りです。

```
Container> cat /var/log/nginx/access.log
10.1.1.1 - - [20/Nov/2016:19:04:08 +0000] "GET /test.php HTTP/1.1" 200
23473 "-" "Mozilla/5.0 (X11; Ubuntu; Linux x86_64; rv:49.0) Gecko/20100101
Firefox/49.0"
10.1.1.1 - - [20/Nov/2016:19:04:10 +0000] "GET /favicon.ico HTTP/1.1" 404
152 "-" "Mozilla/5.0 (X11; Ubuntu; Linux x86_64; rv:49.0) Gecko/20100101
Firefox/49.0"

Container> cat /var/log/nginx/error.log
2015/08/11 00:58:26 [error] 10163#0: *1 directory index of "/var/www/html/"
is forbidden, client: 127.0.0.1, server: _, request: "GET / HTTP/1.1",
host: "localhost"
2015/08/11 01:00:34 [error] 10268#0: *1 directory index of "/var/www/html/"
is forbidden, client: 127.0.0.1, server: _, request: "GET / HTTP/1.1",
host: "localhost"
```

　MySQL と nginx と PHP 関連モジュールの導入と設定ができた状態になりました。

71

第 3 章　センサーのデータを Web サーバーに送付する mbed アプリケーションを作成する

　さきほどの /usr/local/bin/init.sh が実行中のままになっていますので、［Ctrl］＋［C］で停止します。次にコンテナイメージを保存するために、MySQL と nginx と PHP 関連モジュールを停止します。

```
Container> service nginx stop
Container> service php7.0-fpm stop
Container> service mysql stop
```

　［Ctrl］＋［P］［Q］キーでコンテナを抜けてから、v1 と同じようにホスト OS 上で次の一連のコマンドを実行し、イメージを保存します。

```
$ sudo docker stop settingup2
$ sudo docker commit settingup2 susumutani3/iotkaji:v3
$ sudo docker rm settingup2
```

3.14　PHPによるWebアプリケーションの開発

　前節までに MySQL と nginx と PHP 関連モジュールが稼働するコンテナイメージができたので、次は PHP アプリケーションが稼働するコンテナイメージを作成します。これは最終的に IBM Containers 上で稼働させるコンテナです。
　ホスト OS 上で適当なディレクトリを作成します。

```
$ mkdir ~/iotkaji_docker2
```

　作成したディレクトリに Dockerfile とリリース用のソースファイルを置きます。
　先ほどの susumutani3/iotkaji:v3 をベースにしますが、稼働確認のために使用した test.php はサーバー情報が見えてしまい望ましくありません。IBM Containers 上で稼働させるコンテナイメージからは削除します。
　まず Dockerfile は下記の通りです。

● Dockerfile（~/iotkaji_docker2/Dockerfile）
```
# Dockerfile for IoTかじってみよう PHPアプリケーション
FROM susumutani3/iotkaji:v3

MAINTAINER Susumu Taniguchi

# test.phpを削除します。
RUN rm /var/www/html/test.php
ADD writedb.php  /var/www/html/writedb.php
ADD readdb.php   /var/www/html/readdb.php

EXPOSE 80
CMD ["/usr/local/bin/init.sh"]
```

3.14 PHPによるWebアプリケーションの開発

PHPアプリケーションのwritedb.phpとreaddb.phpも一緒に置きます。

冒頭で述べたように本章のレシピでは、mbedからHTTPのPOSTリクエストでデバイスID（deviceid）、温度（temperature）、メモ（memo）の3項目を受信して、すでに作成したデータベースのテーブルへINSERTするためのPHPのアプリケーションであるwritedb.phpと、同じデータベースからデータを読み込んで表示するためのPHPのアプリケーションであるreaddb.phpを作成します。それぞれソースコードを下記に記載します。

ちょっと長いように見えますが、PHPのおさらいとして主要な部分の内容を確認していきます。

<?phpから?>までの間にはさまれた部分がPHPアプリケーションです。

(1) PHPでは、POSTリクエストで送信されたデータを$_POST['名称']で参照します。その際に、htmlspecialchars()関数を使用して特殊文字をHTMLエンティティへ変換しておくことで、後続の処理で特殊文字による不具合の発生を防ぎます。

(2) MySQLの拡張モジュールであるmysqliクラスを使用してMySQLサーバーへ接続します。前節までで作成したデータベースとユーザーを使用します。

(3) MySQLサーバーへの接続で失敗した場合は終了します。

(4) テーブルへデータをINSERTするSQLは、mysqli::prepare()メソッドを使用してプリペアードステートメントとして用意しておきます。このとき変数の部分にはプレースホルダ「?」を使います。

(5) mysqli::bind_param()メソッドを使用して、プリペアードステートメントのSQLとhtmlspecialchars()で処理済みの変数をバインドします。

(6) 続いてmysqli::execute()メソッドでSQLを実行します。

(7) 最後にデータベースとの接続をクローズします。

なお、// はコメントアウトです。このほかにもシェル型の#やC型の/* ... */のコメントアウトが使用できます。

● writedb.php（~/iotkaji_docker2/writedb.php）

```php
<?php
    //  (1) POSTされたデータ$_POST['名称']の文字列中の特殊文字を、HTMLエンティティに変換します。
    // deviceidとして送られたデータを取り込みます。
    $deviceID = htmlspecialchars($_POST['deviceid'],ENT_QUOTES);
    // temperatureとして送られたデータを取り込みます。
    $temperature = htmlspecialchars($_POST['temperature'],ENT_QUOTES);
    // memoとして送られたデータを取り込みます。
    $memo= htmlspecialchars($_POST['memo'],ENT_QUOTES);

    // $temperatureが数字であることの確認、違う場合は0.0にします。
    if(!is_numeric($temperature)) $temperature=0.0;

    try{
        //  (2) mysqliクラスを使用してMySQLサーバーへ接続します。
        // 前節までで作成したデータベースとユーザーを使用します。
        $conn = new
mysqli('localhost','user_iot','pass_iot','SampleIotDB');
```

73

第3章　センサーのデータを Web サーバーに送付する mbed アプリケーションを作成する

```php
        //　(3) MySQLサーバーへの接続で失敗した場合の処理を記載します。
        if($conn->connect_errno){
            echo 'connection failure';
            die('error message: ' . $conn->connect_errno);
        }

        //　(4) テーブルへデータをINSERTするSQLをプリペアードステートメントとして用意します。
        //　「?」の部分はプレースホルダです。
        if(!($stmt = $conn->prepare("INSERT INTO
sample1_tbl(deviceid,temperature,memo) VALUES(?,?,?)"))){
            echo 'sqlstatement prepare failure';
            printf("error message: %s<br>",$mysqli->errno);
        }

        //　(5) プリペアードステートメントのSQLに変数をバインドします。
        //　"sds"は、変数がstring,double,stringであることを意味します。
        if(!$stmt->bind_param("sds",$deviceID,$temperature,$memo)){
            echo 'SQL bind failure';
            printf("error message: %s<br>",$mysqli->errno);
        }

        //　(6) SQLを実行します。
        if(!$stmt->execute()){
            echo 'SQL execute failure';
            printf("error message: %s<br>",$mysqli->errno);
        }
    }finally{
        //　(7) MySQLサーバーへの接続を終了します。
        $conn->close();
    }
?>
```

データベースからデータを読み出して表示する readdb.php は次の通りです。

(1) writedb.php と同様に MySQL の拡張モジュールである mysqli クラスを使用して My SQL サーバーへ接続します。

(2) MySQL サーバーへの接続で失敗した場合は終了します。

(3) テーブルへデータを SELECT する SQL を用意します。

(4) SQL を実行します。クエリの結果を mysqli_result クラスの変数 $result にセットします。

(5) mysqli_result クラスの mysqli_result::fetch_assoc() メソッドで、クエリの結果の行を連想配列で取得して表示します。

(6) 最後にデータベースとの接続をクローズします。

● readdb.php（~/iotkaji_docker2/readdb.php）

```php
<html>
<head>
<meta http-equiv="Content-Type" content="text/html; charset=Shift_JIS">
<title>IoTをかじってみよう3章readdb</title>
</head>
<body>
<?php
    try{
        //　(1) mysqliクラスを使用してMySQLサーバーへ接続します。
```

```php
        // 前節までで作成したデータベースとユーザーを使用します。
        $conn = new
mysqli('localhost','user_iot','pass_iot','SampleIotDB');

        // (2) MySQLサーバーへの接続で失敗した場合の処理を記載します。
        if($conn->connect_errno){
            echo 'connection failure';
            die('error message: ' . $conn->connect_errno);
        }

        // (3) テーブルへデータをSELECTするSQLを用意します。
        $sql1 = 'SELECT deviceid,temperature,memo,datetime FROM
sample1_tbl';

        // (4) SQLを実行します。
        $result = $conn->query($sql1);

        printf("result is<br>\n");
        // (5) クエリの結果の行を連想配列で取得して表示します。
        while( $row = $result->fetch_assoc() ){
            printf("%s %f %s %s<br>\n",
$row['deviceid'],$row['temperature'],$row['memo'],$row['datetime']);
        }
    }finally{
        // (6) MySQLサーバーへの接続を終了します。
        $conn->close();
    }
?>
</body>
</html>
```

作成した Dockerfile を使用して起動シェルの含まれたイメージを作成します。

```
$ sudo docker build -t susumutani3/iotkaji:v4 ~/iotkaji_docker2
```

イメージが作成できていることを確認します。

```
$ sudo docker images
REPOSITORY              TAG             IMAGE ID            CREATED
VIRTUAL SIZE
susumutani3/iotkaji     v4              bc301bdde1a0        About a
minute ago    723.9 MB
susumutani3/iotkaji     v3              ab3e6183a1c0        3 minutes ago
723.9 MB
susumutani3/iotkaji     v2              00aaae506e1a        42 minutes
ago       661 MB
susumutani3/iotkaji     v1              25d85858f0ee        50 minutes
ago       587.8 MB
ubuntu                  latest          103d358b91a9        11 weeks ago
128.2 MB
```

作成したイメージのコンテナを実行します。

```
$ sudo docker run --name testing -it -p 80:80 susumutani3/iotkaji:v4
```

第3章　センサーのデータをWebサーバーに送付するmbedアプリケーションを作成する

ここまでできたらサーバー側は完了ですが、念のためテストしておきましょう。

3.15　curlの準備

今後のデバッグのために、ここでホストOS側にcurlというツールを導入しておきます。これは、URLを指定するとHTTPやHTTPSなどのプロトコルでデータを転送してくれるツールです。後々mbedからのPOST送信した結果が正しいかどうかを調べる可能性があるため用意します。

```
$ sudo apt-get install curl
```

それではホストOS側からcurlコマンドでデータをPOSTしてみます。複数回実行して構いません。

```
$ curl --data "deviceid=MBED1111&temperature=12.345&memo=test"
http://localhost/writedb.php
```

このコマンドでwritedb.phpにPOSTできます。先ほどと同じくホストOS側のブラウザでhttp://localhost/readdb.php[注8]にアクセスしても確認できますが、w3mでも次のコマンドで確認できます。

```
$ w3m http://localhost/readdb.php
```

注8) http://localhost/readdb.php

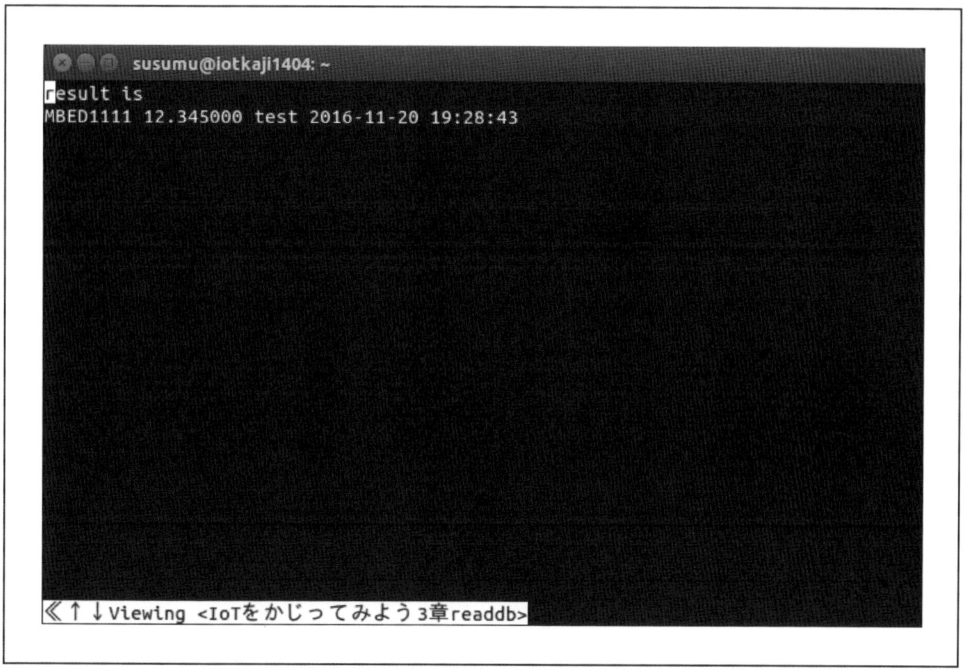

```
susumu@iotkaji1404: ~
result is
MBED1111 12.345000 test 2016-11-20 19:28:43




《↑↓Viewing <IoTをかじってみよう3章readdb>
```

● 図3.17　w3mでの稼働確認結果

　PHPアプリケーションの機能の確認ができました。

3.16　mbedからの接続確認

　コンテナをIBM Containers上で稼働させる前に、mbedアプリケーションからPHPアプリケーションへデータの送受信ができることを開発環境で確認します。mbedアプリケーションの「(5) サーバーのURLを指定」する箇所に、開発環境のホストOSのIPアドレスを入れてコンパイルします。

　ダウンロードされたアプリケーションをmbedにロードします。このとき、EthernetにLANケーブルが接続されていることを確認してください。

　開発環境での確認を行うための構成を図3.18に示します。

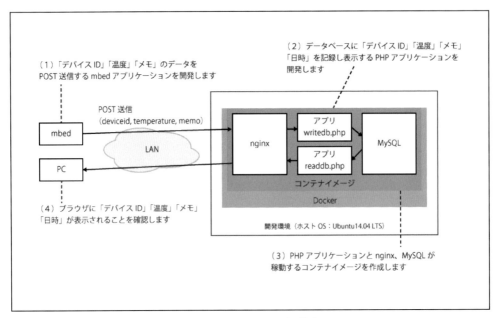

● 図3.18　開発環境での確認構成

　LCDにIPアドレスが表示された後、温度と「Return code is 0」のメッセージが次々に表示されます。
　ホストOS側のブラウザでhttp://localhost/readdb.php、もしくはhttp://ホストOSのIPアドレス/readdb.phpへアクセスすると結果が確認できます。

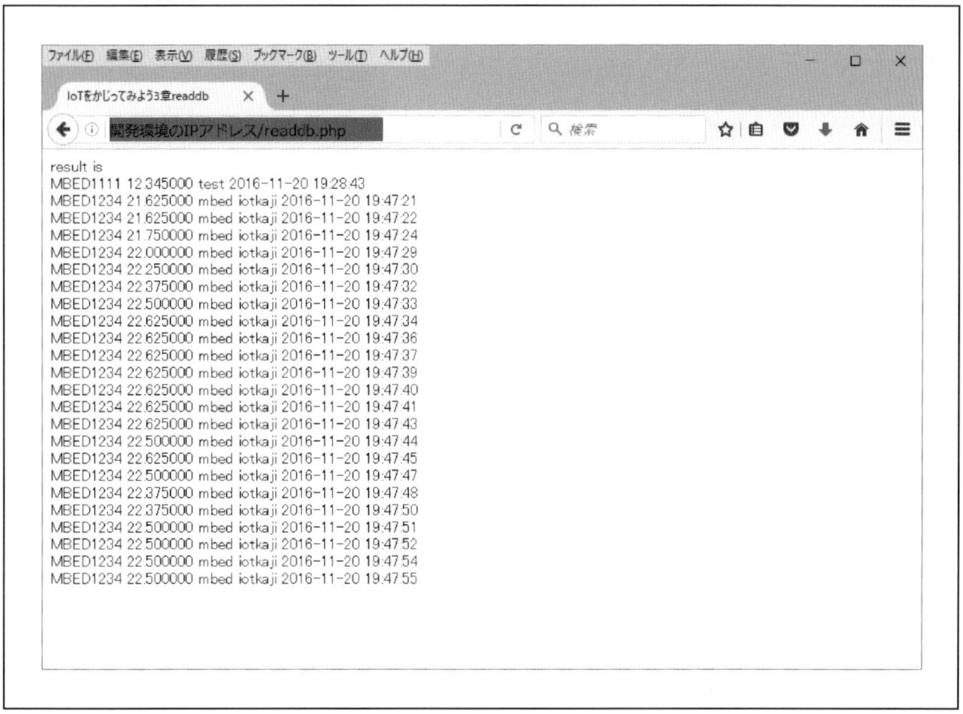

● 図3.19　開発環境での稼働確認結果

　mbedアプリケーションからPHPアプリケーションへデータの送受信ができることが確認できました。

　[Ctrl]＋[P] [Q]キーでコンテナから抜けて、次の一連のコマンドをホストOS上で実行します。ここではイメージの保管は行いません。

```
$ sudo docker stop testing
$ sudo docker rm testing
```

3.17　DockerHubへのpush

　機能の確認ができたイメージ（susumutani3/iotkaji:v4）をDockerHubへpushします。

```
$ sudo docker login
$ sudo docker push susumutani3/iotkaji:v4
```

3.18　本章のまとめ

　本章では、mbedからセンサーの温度データをHTTPのPOSTリクエストでサーバーへ送信するmbedアプリケーションを作成しました。さらにmbedから送信されてきたデータを受信してデータベースへ時系列で書き込むためのサーバー側のPHPアプリケーションを作成しました。

第 3 章　センサーのデータを Web サーバーに送付する mbed アプリケーションを作成する

そして、作成した PHP アプリケーションと nginx と MySQL を導入した Docker イメージを作成して、開発環境で稼働確認しました。また、curl コマンドや nginx のログなど、デバッグに役立つツールの使い方も確認しました。

　本来は Docker でデータベースを稼働させる場合は、データを格納するためにボリューム機能を使用しますが、本章では簡略化のために省略しています。

　次章ではいよいよ作成したコンテナを IBM Containers 上で稼働させます。そして、mbed からインターネット経由でデータを送信します。

80

第**4**章

PHPアプリケーションを
クラウド上の
Dockerコンテナで稼働させる

前章では、mbed のアプリケーション開発から、開発
環境での PHP アプリケーションの開発、稼働確認まで行
いました。本章は IBM Bluemix 上のコンテナ技術である
IBM Containers に、開発した PHP アプリケーションを載
せて動かします。

構成を図4.1に示します。

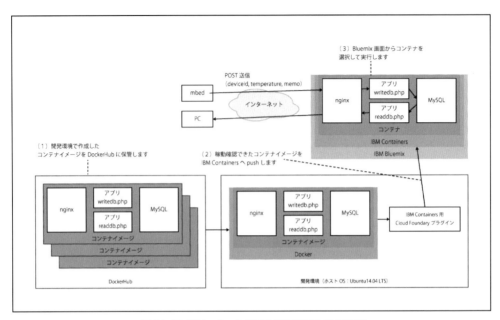

● 図4.1　アプリケーション概要2（前回の図3.13の再掲）

4.1　DockerHubからのpull

ローカルの開発環境に第3章で作成したコンテナイメージ（susumutani3/iotkaji:v4）があるかどうかを確認します。

```
$ sudo docker images
```

なければ、DockerHubからpullしてきます。

```
$ sudo docker login
$ sudo docker pull susumutani3/iotkaji:v4
```

4.2 IBM Bluemixへのログイン

いよいよIBM Bluemixへアップロードするための準備を開始します。ブラウザでIBM Bluemix[注1)]のコンソール画面を開いて「無料アカウントの作成」をクリックします。第2章でIBMidを登録する方法を解説しましたが、そのIBMidでBluemixにログインするケースを示します。

● 図4.2　Bluemixコンソール画面

注1) https://console.ng.bluemix.net/

補足

第2章で使用したWatson IoT Platform[注2]の画面からもIBM Bluemixへアクセスできます。Watson IoT Platformのページの中ほどにある「BLUEMIXの起動」というリンクをクリックすると、前述のIBM Bluemixのコンソール画面が新しいタブに表示されます。

● 図4.3　BLUEMIXの起動

　コンソール画面から「無料アカウントの作成」をクリックすると「Bluemixに登録」の画面が表示されますので、「Eメール・アドレス」のフィールドにすでに登録したIBMidを入力します。

注2）https://internetofthings.ibmcloud.com/#/

4.2 IBM Bluemix へのログイン

● 図 4.4 Bluemix に登録画面

すると自動的に名前などの欄が消えてメールアドレスと電話番号だけの登録画面に変わります。

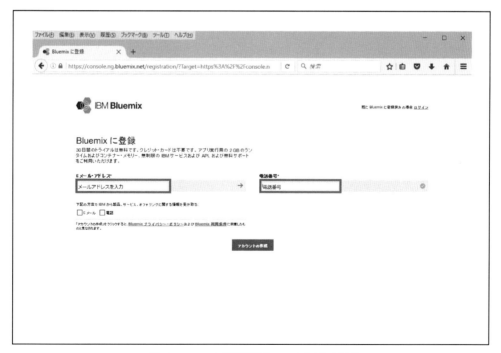

● 図 4.5 Bluemix に登録画面（IBMid を入力した場合）

それぞれ入力して「アカウント作成」をクリックすると、24時間以内にno-reply@bluemix.netから確認のメールが届きます。

届いたメールの中の「Confirm Account」をクリックするとブラウザが起動して、Bluemixへの登録が成功した画面が表示されます。

● 図4.6　Bluemixに登録成功

これで、Watson IoT Platformと同じIBMidでBluemixへログインすることができます。

改めて、Bluemixログイン画面からIBMidでログインすると初回のみ「組織の作成」の画面が表示されます。

4.2 IBM Bluemix へのログイン

● 図 4.7　組織の作成

　Bluemixでは、Bluemix内で固有の名称の組織を作成して、作業するメンバーとスペースを割り当てます。スペースとはIBM Bluemix上で組織に対してアプリケーション、サービス、およびユーザーをグループ化するためのもので、地域に対して1つは存在する必要があります。

　以前は無料で使用する場合は、組織がメールアドレスをもとに自動で作成されたのですが、今は自分で作成します。ここではメールアドレスを使用して、地域は米国南部を使用することにします。

　次に「スペースの作成」画面が表示されますので、「iotkaji」と入力します。

　なお、ダッシュボードの「アカウント」をクリックして「組織の管理」画面を開くと、組織とスペースは後からでも変更ができます。

87

第4章　PHPアプリケーションをクラウド上のDockerコンテナで稼働させる

● 図4.8　組織の管理画面

　組織とスペースが作成できるとダッシュボードの上部に地域、組織、スペース名が表示されます。

● 図4.9　ダッシュボード画面

ここまでがブラウザでの作業です。

4.3　IBM Containers CF CLIの使用

次に開発環境のホスト OS で、IBM Containers CF CLI を使用してコマンドラインから Bluemix へログインします。

```
$ cf login
```

API endpoint> と表示されますので、api.ng.bluemix.net と入力します。続いて Email>、Password> を聞かれますので、Bluemix に登録した ID を入力します。

先に Bluemix のページで作成した「iotkaji」のスペースが表示されます。

補足

　ここまでレジストリー名前空間を未設定の場合は次のコマンドで設定しますが、Bluemix レジストリー内で固有でなければなりません。

```
$ cf ic namespace set <スペース名>
```

　レジストリー名前空間は、Bluemix 内でプライベート・リポジトリを識別するための名前で、1つの組織に対して1回割り当てられて作成後は変更できません。ここでは、レジストリー名前空間が「iotkaji」で取得できているとして進めます。

それでは、IBM Containers サービスにログインできることを確認しておきます。

```
$ cf ic login
```

念のため Bluemix での名前空間を確認します。

```
$ cf ic namespace get
iotkaji
```

4.4 Bluemix用のイメージの作成

　前節までに作成したイメージ（susumutani3/iotkaji:v4）に registry.ng.bluemix.net/iotkaji/myapp というタグ付けを行います。

```
$ sudo docker tag susumutani3/iotkaji:v4
registry.ng.bluemix.net/iotkaji/myapp:v1
```

IBM Containers CF CLIで再ログインします。

```
$ sudo cf ic login
```

プライベート Bluemix リポジトリへイメージを push します。

```
$ sudo docker push registry.ng.bluemix.net/iotkaji/myapp:v1
```

イメージができたことを確認します。

```
$ sudo cf ic images
REPOSITORY                                      TAG            IMAGE ID
CREATED              VIRTUAL SIZE
registry.ng.bluemix.net/iotkaji/myapp           v1
bc301bdde1a0         7 hours ago      202.9 MB
以下省略
```

　次にブラウザで Bluemix のダッシュボードから「カタログ」をクリックし、左のメニューから「コンテナー」を選択します。

4.4 Bluemix用のイメージの作成

● 図4.10　ダッシュボード画面からのコンテナ選択

組織を選ぶ画面が出てきますので、マイ組織のmyappをクリックします。

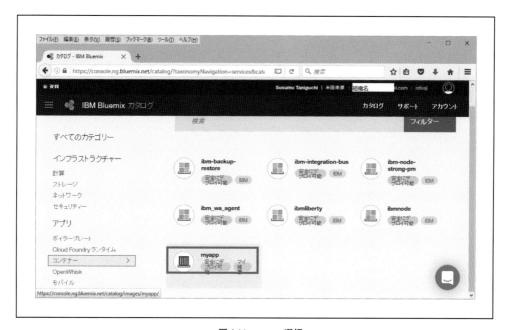

● 図4.11　myapp選択

コンテナ作成画面でコンテナ名に「mycontainer1」と入力し、パブリックIPアドレスを「要求およびバインドパブリックIP」へ変更して「作成」をクリックします。

第4章　PHPアプリケーションをクラウド上のDockerコンテナで稼働させる

● 図4.12　コンテナ作成画面

コンテナ実行画面が表示されますので、提供されたパブリックIPアドレスを確認します。
　パブリックIPの部分へカーソルを置くとバインドされたIPアドレスが表示されるか、まだバインドされていない場合はバインドの要求のリンクが表示されます。
　まだバインドされていない場合はバインド要求してください。バインドされたIPアドレスは、mbedアプリケーションに記載して使います。

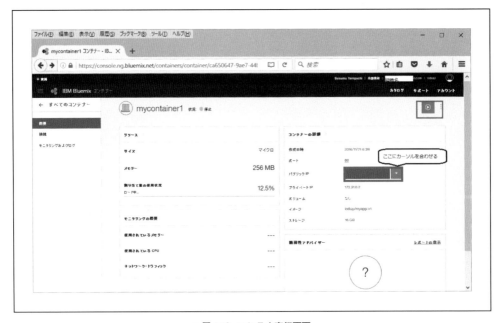

● 図4.13　コンテナ実行画面

92

4.5 mbedアプリケーションの実行

Bluemix から提供されたパブリック IP アドレスを、mbed アプリケーションのプログラムの URL の IP アドレス（XXX.XXX.XXX.XXX の部分）に記載してコンパイルします。

念のため、プログラムを再度示します。

● mbed アプリケーション

```
 1 #include "mbed.h"
 2 #include "LM75B.h"
 3 #include "C12832.h"
 4 #include "EthernetInterface.h"
 5 #include "HTTPClient.h"
 6
 7 LM75B sensor(p28,p27);
 8 C12832 lcd(p5, p7, p6, p8, p11);
 9 HTTPClient http;
10
11 int main() {
12     EthernetInterface _eth;
13     _eth.init();
14     _eth.connect();
15
16     char _tstr[512];
17     char _temp[7];
18     int _res;
19     int index=0;
20
21     // (1) 液晶画面をクリアしてからDHCPから取得したIPアドレスを表示します。
22     lcd.cls();
23     lcd.locate(0,3);
24     lcd.printf("IP Address is %s\n", _eth.getIPAddress());
25
26     // (2) ここでは一旦、20回送信したら終了することにします。
27     while(index<20){
28         lcd.locate(0,4);
29         // (3) 温度センサーの情報を取得します。
30         if (sensor.open()) {
31             // 温度情報をfloat型から文字列へ変換します。
32             sprintf(_temp,"%6.3f",sensor.temp());
33         } else {
34             error("Device not detected!\n");
35         }
36
37         // (4) POSTするためのデータを作成します。
38         HTTPMap   _map;
39         HTTPText _text(_tstr, 512);
40
41         // POSTで送信するためdeviceidの値をセットします。
42         _map.put("deviceid","MBED1234");
43
44         // POSTで送信するためtemperatureとして計測した温度の値をセットします。
45         _map.put("temperature",_temp);
46
47         // メモとしてテストであることを書いておきます。
48         _map.put("memo","mbed iotkaji");
49
50         // (5) サーバーのURLを指定してPOSTします。
```

第4章 PHPアプリケーションをクラウド上のDockerコンテナで稼働させる

```
51          // URLはご自身の環境に合わせて記載してください。
52          _res = http.post("http://XXX.XXX.XXX.XXX/writedb.php", _map,
   &_text);
53
54          // (6) POSTした返り値を温度と一緒に液晶画面に表示します。
55          lcd.cls();
56          lcd.locate(0,3);
57          lcd.printf("Temp = %s/Return code is %d\n",_temp,_res);
58
59          // 送信は1秒に1回に制限します。もっと高頻度で送信できますが、室温なのでまあいいでし
   ょう。
60          wait(1.0);
61          index++;
62      }
63      // (7) 接続を切断します。
64      _eth.disconnect();
65 }
```

　ダウンロードされたアプリケーションをmbedにロードします。このとき、EthernetにLAN
ケーブルが接続されていることを確認してください。LCDにIPアドレスが表示された後、温度
と「Return code is 0」のメッセージが次々に表示されます。

4.5 mbedアプリケーションの実行

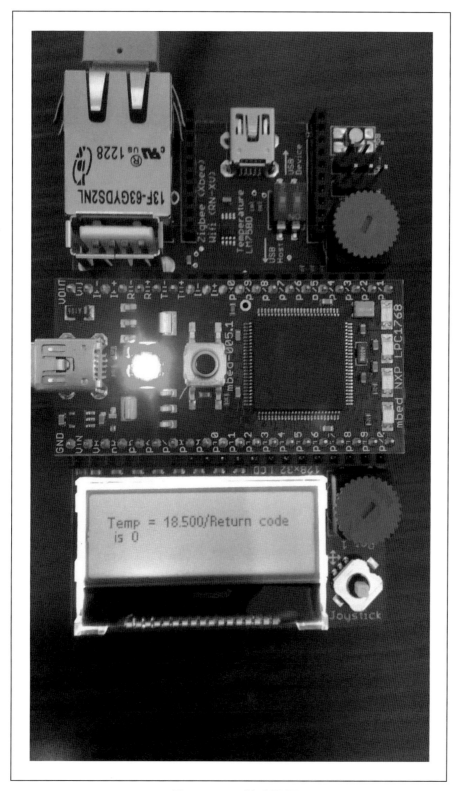

● 図 4.14 mbed の実行結果画面

サーバー側も確認してみましょう。ブラウザでhttp://XXX.XXX.XXX.XXX/readdb.phpへアクセスします。先ほどと同じようにmbedから受信したデータが表示されていればOKです。

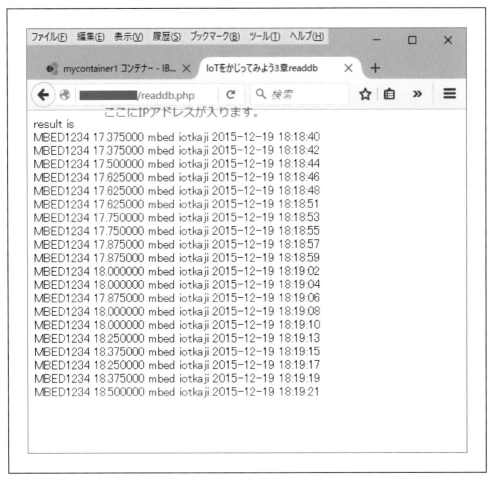

● 図4.15　Bluemixの実行結果画面

mbedアプリケーションの送信回数の制限を変更することによって、必要に応じて時系列で温度情報をデータベースへ取り込むことができます。

4.6 本章のまとめ

　本章では、第3章で作成したPHPアプリケーションとnginxとMySQLを導入したDockerイメージを、IBM Containers上のコンテナとして稼働させました。そして、mbedからインターネット経由で送信したデータが、ブラウザで表示できることを確かめました。

　次の第5章では、オフライン開発ツール（IDE）をご紹介します。

補足

　本章のアプリケーションは機能の紹介が目的ですので、セキュリティ面で通信の暗号化の対策が入っていません。

　また、MySQLとnginxはそれぞれ別コンテナで稼働させるほうが現実的ですが、コンテナ間連携についても本章では割愛しました。

第 **5** 章

オフラインIDEを使って
mbedアプリケーションを
デバッグする

前章まで mbed を用いた IoT プログラミングを実践し
てきました。本章は一息ついて、デバッグ方法について
解説します。

5.1 オフラインIDEを使う

　前章までに見てきたことから、mbedにはオンラインIDEが提供されており、これを使うことで、PCに何もインストールしなくてもブラウザさえあれば、mbedのプログラムを開発できることが分かりました。オンラインIDEは始めるときのハードルが非常に低いというのが大きな利点ですが、反面いろいろと制限があります。例えば、次のようなものです。

インターネット接続が必要

　企業によってはセキュリティのために、インターネットへ接続できないことがあります。

エディターがあまり高機能ではない

　今時のIDEであればリファクタリング機能（例えば変数名や関数名を一括して変更したり、コードの共通部分を関数に抜き出したりするなど）があるのが当たり前になっていますが、オンラインIDEが提供するエディターは非常に簡素なものです。基本的な編集機能はそろっていますが、一般に流通しているエディターやIDEと比べると見劣りするでしょう。

デバッガが使えない

　これも大きな問題です。簡単なプログラムをプロトタイピングするのには良いのですが、ある程度の規模を超えるプログラムをデバッグするには不向きです。

ビルドがカスタマイズできない

　例えばコードのインスペクション・ツールや自動テストツールを使いたくても、オンラインIDEでは困難です。

　こうした問題を解決するためには、オフラインで使用できるIDEを使います。いくつか選択肢がありますが、その多くが無料版と有料版に分かれていて、無料版には何らかの制限がかかっています。
　ここで使用するLPCwareの**LPCXpresso**も、無料版ではデバイスに書き込めるコードサイズが256KBまでという制限があります。とはいえ256KBもあれば大抵の用途には十分でしょう（ネットワークを使用するプログラムでは、コードサイズよりも先にRAMのサイズが足りなくなることのほうが多いため）。

5.2 LPCXpressoのインストール

LPCXpressoの入手とインストール

　LPCXpressoは、LPCXpresso IDE Downloads[注1]からダウンロードできます。Windows／Mac／Linux用が用意されていますので、ご自分の環境に合わせて入手してください。

　ここではMac版バージョン8.0.0の画面を使用しています。バージョン7.8.0以降は、Mac OS X Lion（10.7）以前をサポートしていないため、Mac OS X Mountain Lion（10.8）以降を用意してください。実際にインストールする際には、「LPCXpresso IDE Mac OS X Installer[注2]」を一通り確認しておいたほうが良いでしょう。

　これ以降「右クリック」という表現を使いますが、Macのトラックパッドでは、2本指クリックに読み替えてください。

　ダウンロードしたファイル（バージョン8.0.0は「lpcxpresso_8.0.0_526.pkg」という名前でした）をFinderからダブルクリックしてインストーラを起動します（図5.1）。

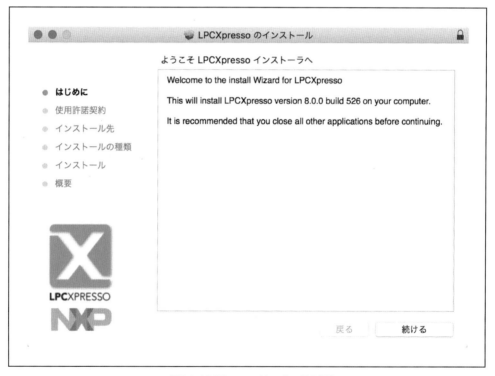

● 図5.1　LPCXpressoインストーラの起動

　ライセンスの確認画面（図5.2）が表示されるので、確認して問題なければ進みます。

注1）http://www.lpcware.com/lpcxpresso/download
注2）http://www.lpcware.com/lpcxpresso/downloads/macosx

第 5 章　オフライン IDE を使って mbed アプリケーションをデバッグする

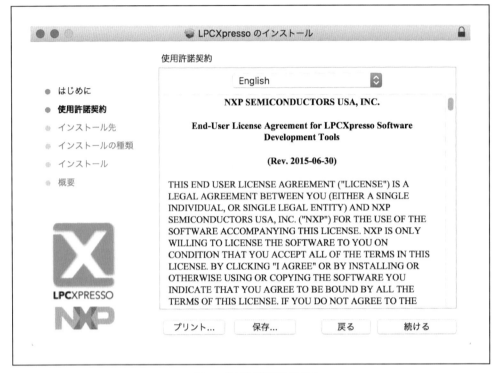

● 図 5.2　使用許諾契約確認画面

インストール先を選択します（図 5.3）。

5.2 LPCXpresso のインストール

● 図 5.3　インストール先の選択画面

最後の確認画面（図 5.4）でインストールをクリックします。

第5章 オフラインIDEを使ってmbedアプリケーションをデバッグする

● 図5.4 インストール確認画面

完了画面（図5.5）が表示されたら終了です。

5.2　LPCXpressoのインストール

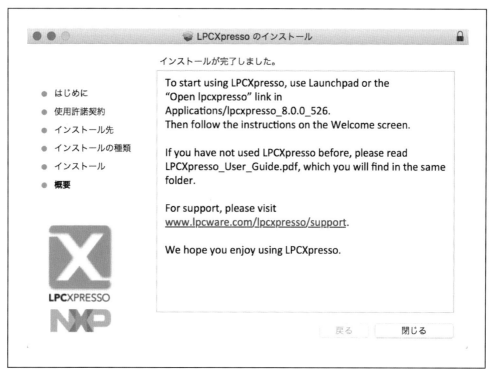

● 図5.5　インストール完了画面

インストールしたらLaunchpadでアプリケーションの一覧を確認すると、lpcxpressoというグループが見つかるはずなので、ここから起動します（図5.6）。

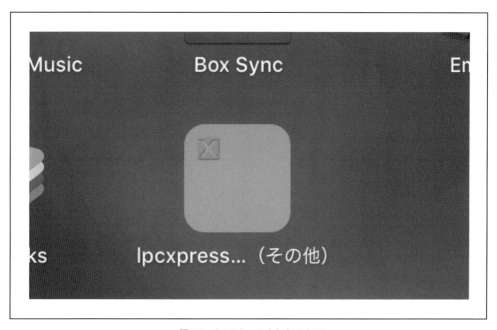

● 図5.6　インストールされたアイコン

第5章 オフラインIDEを使ってmbedアプリケーションをデバッグする

ワークスペースの選択画面（図5.7）が表示されるので、好きな場所を選択します。

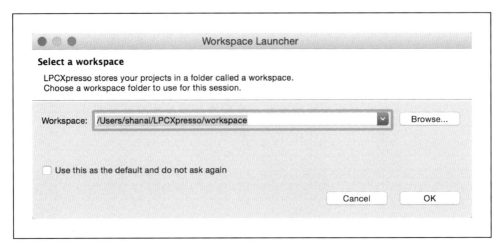

● 図5.7　ワークスペースの選択

LPCwareへの登録とアクティベーションキーの取得

無料版を使う場合でも登録が必要です。登録しないとコードサイズが8KBに制限されます（図5.8）。筆者は、バージョン7.8.0のときに登録作業をしたため、その画面を掲載します。基本的に同じ画面のはずです。

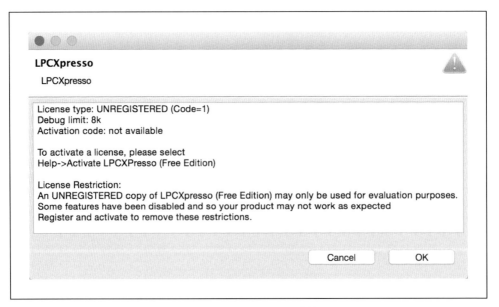

● 図5.8　製品登録していない状態

無料版を登録するには、「Help」→「Activate」→「Create serial number and register（Free Edition）」と進みます（図5.9）。

5.2 LPCXpresso のインストール

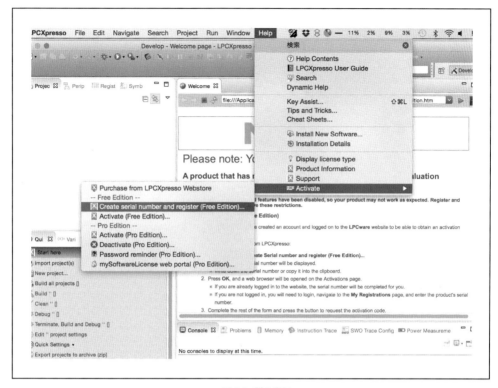

● 図 5.9　製品登録

シリアル番号が表示されるので（図 5.10）控えておき、OK をクリックします。

● 図 5.10　シリアル番号の表示

IDE 内のブラウザが開きます。LPCXpresso への登録をするために「register」と書かれたリンクをクリックします（図 5.11）。

第5章 オフラインIDEを使ってmbedアプリケーションをデバッグする

● 図5.11 キー・アクティベーション画面

　赤い＊印が付いたところは必須項目なので、最低限ここだけは入力して「Create new account」をクリックします（図5.12、図5.13）。

● 図5.12 アカウント登録画面

108

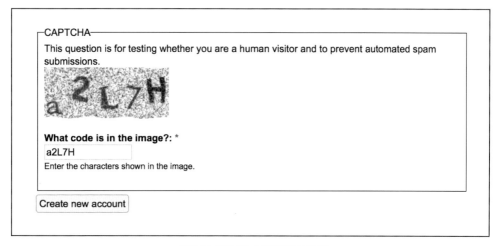

● 図5.13 アカウント登録画面（続き）

しばらくするとメールが届き、その中にパスワードが書かれているので控えておきます（図5.14）。

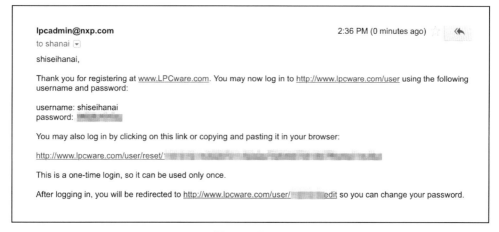

● 図5.14 通知メール

IDE内のブラウザは、図5.11に戻っているはずなので、「login」をクリックします。メールに書かれていたユーザー情報でログインします（図5.15）。

第 5 章　オフライン IDE を使って mbed アプリケーションをデバッグする

● 図 5.15　ログイン画面

「Register LPCXpresso」ボタンを押して登録します（図 5.16）。

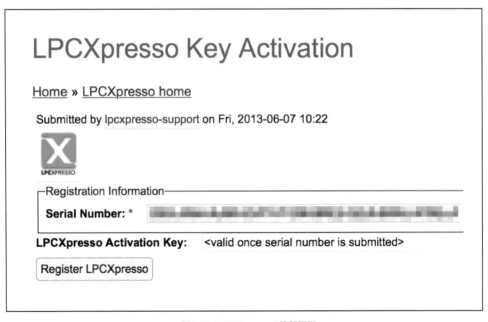

● 図 5.16　LPCXpresso の登録画面

LPCXpresso Activation Key が表示されるので控えておきます。

アクティベーションキーの IDE への登録

LPCXpresso で、「Help」→「Activate」→「Activate（Free Edition）」をクリックします（図5.17）。

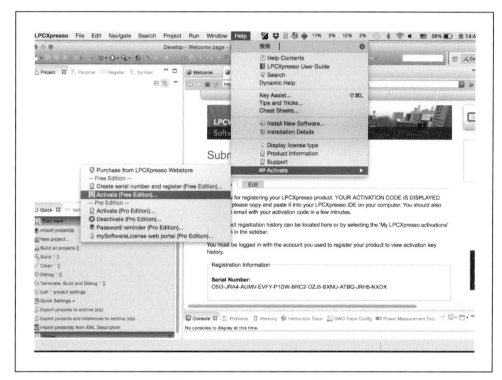

● 図 5.17　アクティベーションキー登録画面

アクティベーションキーを入力します（図 5.18）。

第5章 オフラインIDEを使ってmbedアプリケーションをデバッグする

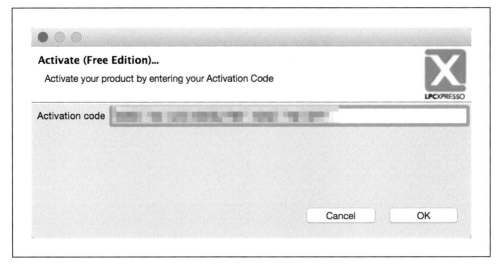

● 図5.18 アクティベーションキーの入力

アクティベーションに成功するとコードサイズの上限が256KBに拡張されます（図5.19）。

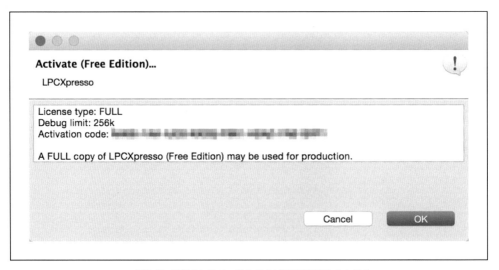

● 図5.19 登録されてコードサイズ上限が拡張されたところ

最後に再起動して良いか聞かれるので再起動しましょう（図5.20）。

112

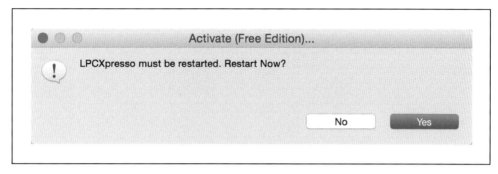

● 図 5.20 再起動確認画面

なお、Mac 以外の場合は以下に注意事項があるので目を通しておいてください。

- Windows の場合の注意：http://www.lpcware.com/lpcxpresso/downloads/windows
- Linux の場合の注意：http://www.lpcware.com/lpcxpresso/downloads/linux

それではオンライン IDE から LPCXpresso にプログラムを移し替えてみましょう。

5.3 オンラインIDEからLPCXpressoへのインポート

オンライン IDE からのエクスポート

ここでは、オンライン IDE で動作確認に用いた HelloWorld を使ってオンライン IDE から LPCXpresso への移行作業を行ってみます。オンライン IDE 上で Program Workspace 内の My Programs を開いて、「HelloWorld」を右クリックし、「Export Program」をクリックします（図 5.21）。

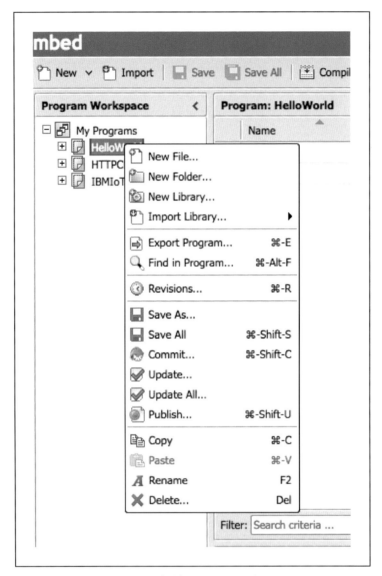

● 図5.21　プロジェクトのエクスポート

　Export programのダイアログが開きます。Export ToolchainでLPCXpressoを選んでから「Export」ボタンをクリックします（図5.22）。

5.3 オンラインIDEからLPCXpressoへのインポート

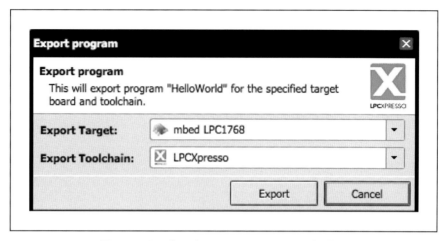

● 図5.22 エクスポートするツールからLPCXpressoを選択する

しばらくするとブラウザのダウンロードが始まります。MacでSafariを使用している場合はダウンロードファイルが自動的に展開されて、ダウンロード場所にHelloWorldというディレクトリができます。他のプラットフォームではzipファイルがダウンロードされます。

LPCXpressoへのインポート

LPCXpressoで「File」→「Import」をクリックします（図5.23）。

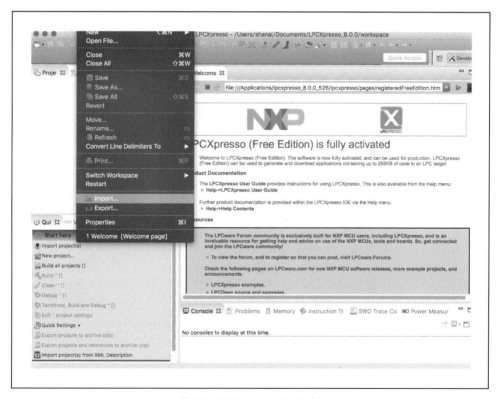

● 図5.23 LPCXpressoへのインポート

115

第 5 章　オフライン IDE を使って mbed アプリケーションをデバッグする

「General」→「Existing Projects into Workspace」をクリックします（図 5.24）。

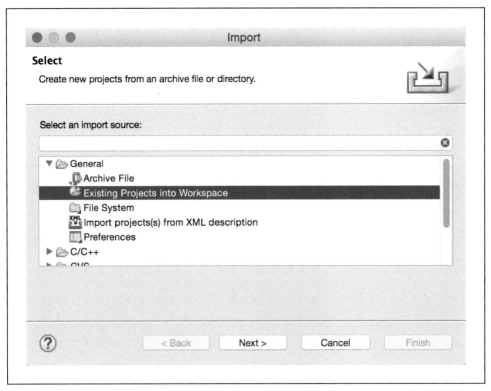

● 図 5.24　インポート対象の選択

Select root directory の右の「Browse」ボタンを押してオンライン IDE からのエクスポート先ディレクトリを指定します（図 5.25）。

5.3 オンラインIDEからLPCXpressoへのインポート

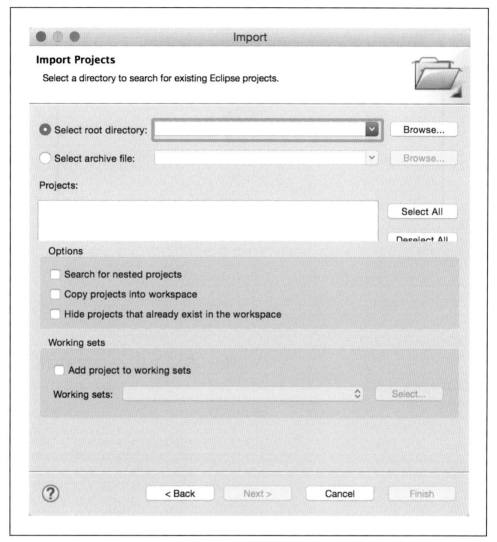

● 図5.25 インポート対象ディレクトリの選択

なお、Mac以外のプラットフォームではzipファイルになっているので（Macの場合も、設定によってはzipファイルになっている場合があります）、すぐ下にあるSelect archive fileの右の「Browse」ボタンでzipファイルを選択します。HelloWorldプロジェクトがProjectsの部分に表示されることを確認して、「Finish」をクリックします（図5.26）。

117

第5章 オフライン IDE を使って mbed アプリケーションをデバッグする

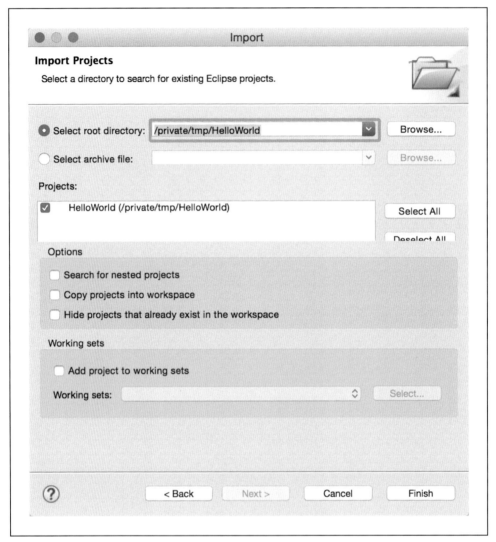

● 図 5.26　インポート対象の確認

　これでインポートが完了して、IDE 画面内右上にある Project エクスプローラの中に Hello World が表示されます。それでは LPCXpresso でデバッグしてみましょう。

5.4 LPCXpressoでのデバッグ

PC／Macを用いたmbedアプリケーションのデバッグ

一般に組み込み機器のデバッグする場合、何らかのハードウェア上の仕組み（デバッグ・プローブと呼びます）が必要です。例えば、ARM用のこうした仕組みの1つとしてLPC-Linkがあります。LPC-Linkを使用する場合、LPC-Linkをサポートするハードウェア（例えば、OM13054: LPC-Link2[注3]）を用意して、デバッグ対象のコントローラと何本かの制御線を使って接続する必要があります。接続を間違えると機器を壊す可能性があるため、初心者にとっては煩雑で神経を使う作業であり、組み込み用の開発のハードルを上げる1つの原因となっていると言えるでしょう。

幸いmbedのデモボードではデバッグ・プローブとしてCMSIS-DAPが標準でサポートされています。これを用いると単にUSBケーブルをPC／Macに接続するだけでデバッグが可能です。

ファームウェアの更新

mbedには、これまで見た通り出荷された状態で、USBメモリからのプログラムの書き込みや、デバッグ・プローブ（CMSIS-DAP）といった機能が提供されていますが、これらはファームウェアによって実現されています。CMSIS-DAPのサポートは、リビジョン141212のファームウェアから追加された機能です。念のためファームウェアを最新にしておきましょう。

最新のファームウェアは、mbedのHandbookのページ[注4]から入手できます。入手したファイルを、これまで同様、USBメモリとして見えているmbedにコピーして、書き込みがきちんと完了するようにPC／Mac側でUSBメモリの取り外し機能を実行したら、USBケーブルを抜き差しします（これまでと違い、mbedのリセットボタンを押すのではなく、USBケーブルの抜き差しが必要です。あまり短時間で抜き差ししないように、念のため10秒くらい待つのが良いでしょう）。これでファームウェアが自動的に更新されて、以前から書き込まれていたアプリケーションが実行を開始します。

LPCXpressoを用いたデバッグ

まずIDE左上にあるProjectビューで、HelloWorldを選択した状態にします。次にIDE左下にあるQuickと書かれたビュー（以降Quickビューと呼びます）から、「Debug 'HelloWorld'」をクリックします（図5.27）。

注3) http://www.jp.nxp.com/demoboard/OM13054.html

注4) https://developer.mbed.org/handbook/Firmware-LPC1768-LPC11U24

第 5 章 オフライン IDE を使って mbed アプリケーションをデバッグする

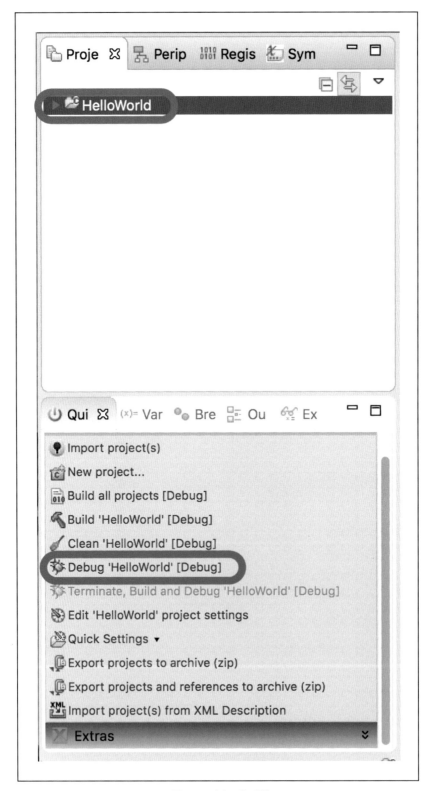

● 図 5.27 デバッグの開始

するとエミュレータ選択の画面になります。mbed を用いる場合は CMSIS-DAP が使用可能なので、そのまま OK をクリックします（図 5.28）。

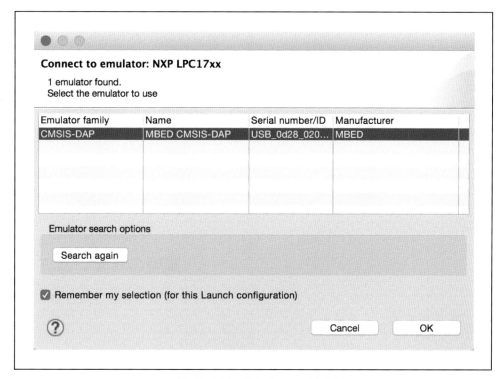

● 図 5.28　デバッガ用エミュレータの指定

すると自動的にプログラムがターゲットに書き込まれて、プログラムの最初でブレークします（図 5.29）。

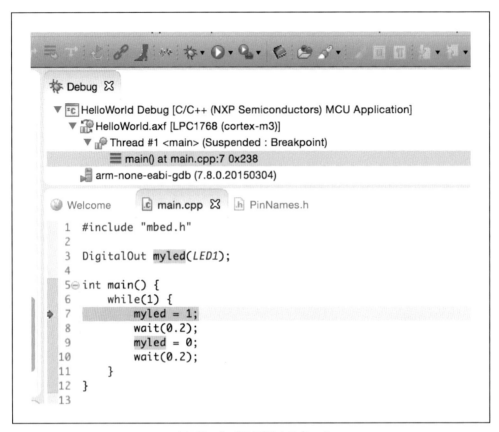

● 図5.29　プログラム開始点でブレーク

　Debugビューにはスタックの状態が表示され、エディターには現在停止している行が緑の背景色で表示されます。Step Overのアイコンをクリックすれば次の行まで進んで停止します（図5.30）。

5.4　LPCXpresso でのデバッグ

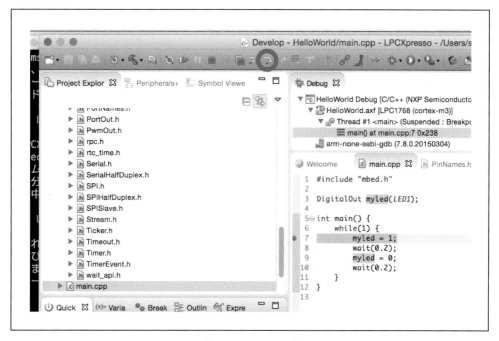

● 図 5.30　step over の実行

Resume のアイコンをクリックすることで実行を継続できます（図 5.31）。

● 図 5.31　resume の実行

第5章　オフラインIDEを使ってmbedアプリケーションをデバッグする

　これまで見たのと同じようにLEDが点滅することが分かるでしょう。LEDの点滅を確認したら、プログラムをSuspend（中断）してみましょう。エディターの行番号の左側をダブルクリックします（図5.32）。

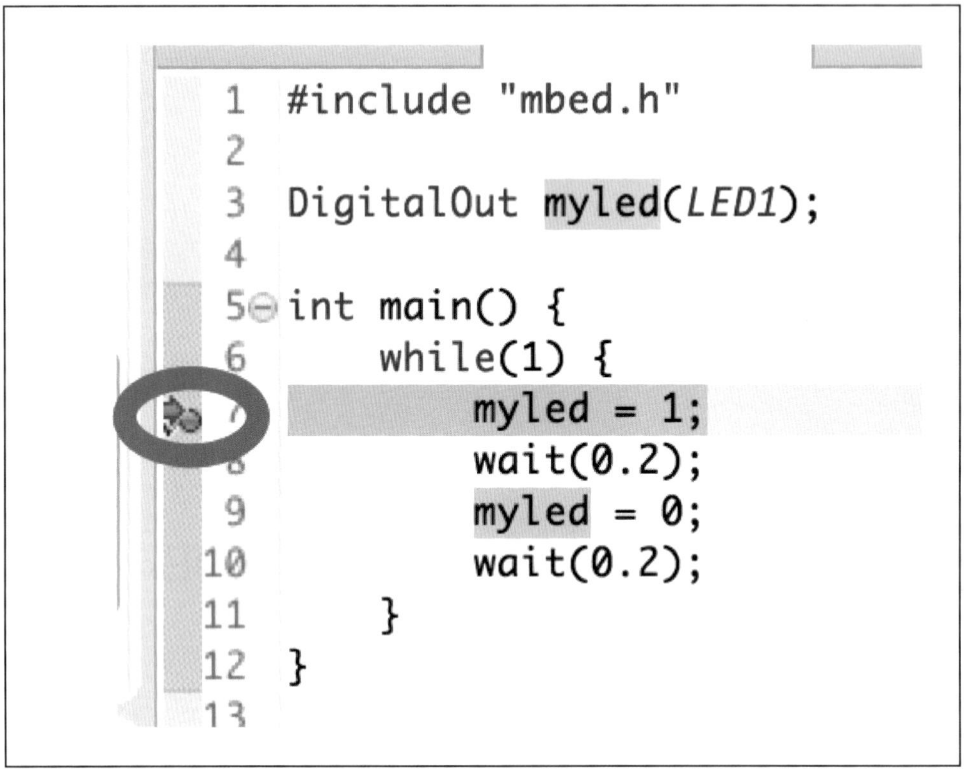

● 図5.32　実行中にブレークポイントを設定する

　これによりダブルクリックした行にブレークポイントを設置できます。プログラムの実行がブレークポイントに達するとプログラムが中断します。このため、すぐに実行が中断された状態になることが分かると思います。デバッグが終わったら、Terminateアイコンをクリックしてデバッグを終了します（図5.33）。

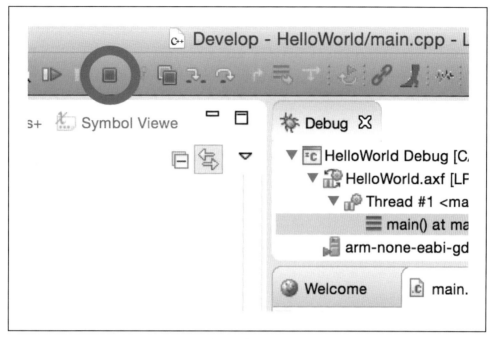

● 図 5.33 デバッガの終了

　LPCXpresso を用いると、プログラムの書き込みから起動までがすべて自動で行われるので、通常の PC ／ Mac 用のプログラムを開発している場合と同じようにデバッグできることが分かります。

5.5 LPCXpressoからオンラインIDEへのインポート

　これまで見てきた通り、オンライン IDE には、開発コミュニティとコードを共有する機能があります。これは Mercurial を利用したものなので、必ずしもオンライン IDE を用いる必要はなく、直接 Mercurial のコマンドラインツールである hg を用いたり、Mercurial をサポートした GUI ツールを使うことでも実現可能です。しかし、オンライン IDE は GUI 上で Mercurial リポジトリの状態を見たり、リポジトリの操作ができるので見通しが良く、LPCXpresso でデバッグの済んだアプリケーションやライブラリを、もう一度オンライン IDE に戻したいケースもあるかもしれません。本節では、その方法を解説します。

LPCXpresso からのエクスポート

　LPCXpresso で、左上にある Project エクスプローラでプロジェクトを右クリックし、Export をクリックします（図 5.34）。

第 5 章　オフライン IDE を使って mbed アプリケーションをデバッグする

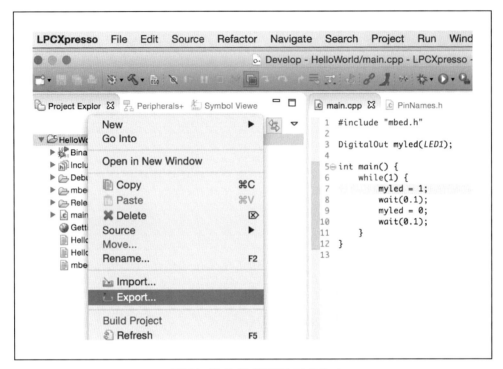

● 図 5.34　オンライン IDE 用にエクスポート

General から、Archive File を選びます（図 5.35）。

5.5 LPCXpressoからオンラインIDEへのインポート

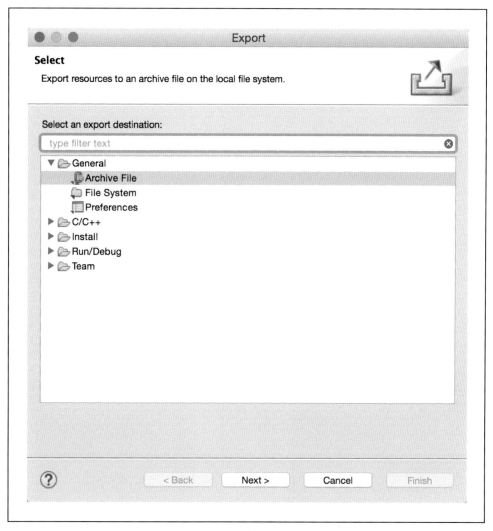

● 図5.35 エクスポート形式の指定

　ファイルがすべて選択されていることを確認します。もしもされていなかったら、左側のHelloWorldのチェックボックスを一度外してから再度チェックしてください。To archive fileのところの「Browse」ボタンをクリックして保管場所とファイル名を指定します（図5.36）。

第5章 オフラインIDEを使ってmbedアプリケーションをデバッグする

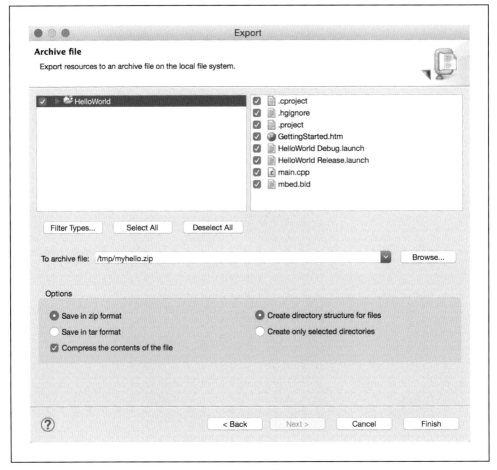

● 図5.36　エクスポート対象の確認

ここではmyhello.zipという名前でエクスポートしました。

オンラインIDEへのインポート

次にオンラインIDE側で「Import」ボタンをクリックします（図5.37）。

5.5 LPCXpressoからオンラインIDEへのインポート

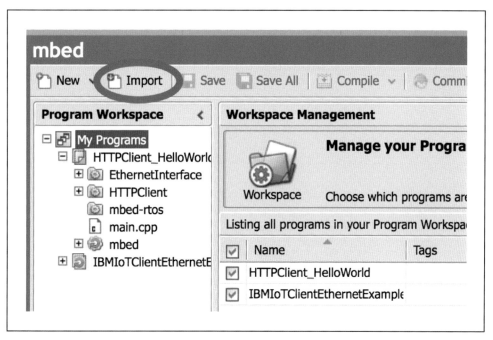

● 図5.37 オンラインIDEへのインポート

Import Wizardの「Upload」タブをクリックし、「ファイルを選択」ボタンをクリックします（図5.38）。

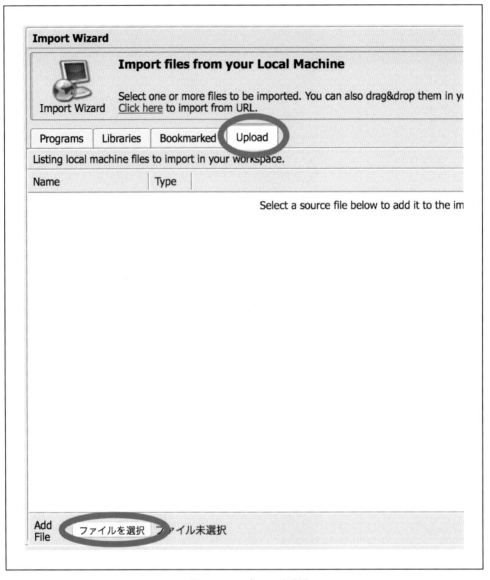

● 図5.38 アップロードを選択

　前節でエクスポートしたmyhello.zipを選びます。「Import!」ボタンを押してインポートします（図5.39）。

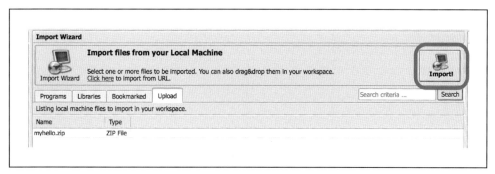

● 図5.39 インポート対象ファイルを選択

　Import Programs のダイアログで、Import As から Programs を選んで「Import」ボタンをクリックします（図5.40）。

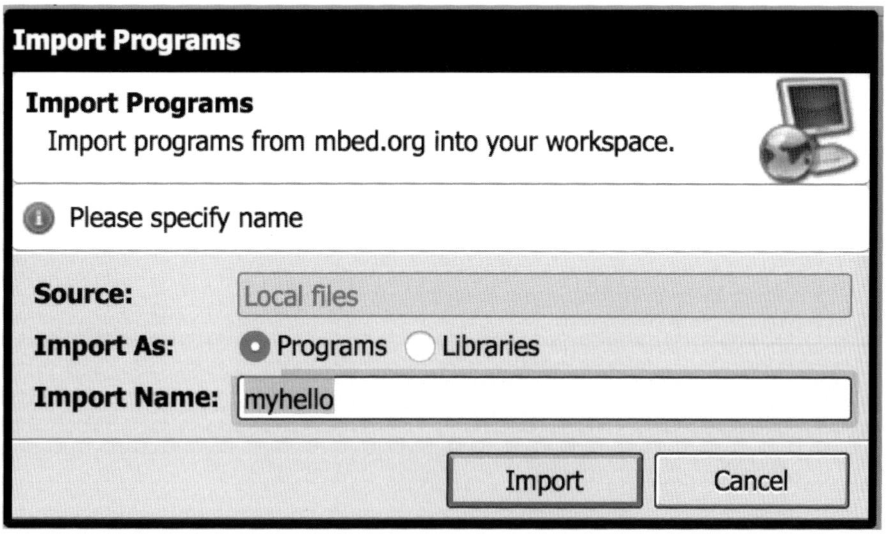

● 図5.40 インポート形式に Programs を指定

　LPCXpresso 側で作成されたディレクトリが残っていると、オンライン IDE が誤動作する場合があるので削除しておきます。具体的には、Debug、Release というディレクトリや、ライブラリと同名のディレクトリ（歯車アイコンになっていないもの。ここでは mbed ディレクトリ）は余計なディレクトリなので、右クリックして「Delete」を選んで削除します（図5.41）。

第 5 章 オフライン IDE を使って mbed アプリケーションをデバッグする

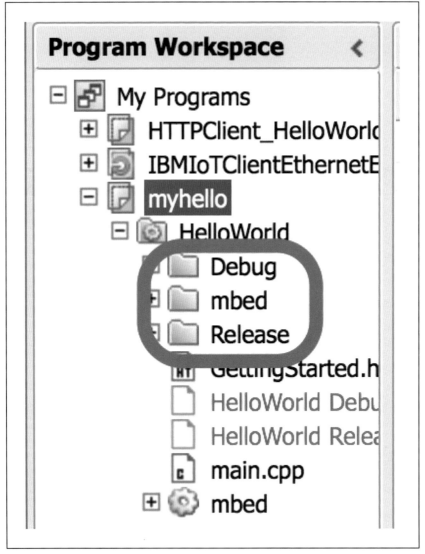

● 図 5.41　不要なディレクトリの削除

　これで元通りなので従来通り、Compile アイコンのクリックで実行モジュールをダウンロードしたり、モジュールを Commit したり Publish したりできるようになります。

デバッガがハングする場合

　デバッガは、semihost という機能を使用しており、アプリケーションもこの機能を使っているとバッティングしてデバッガがハングしてしまうことがあります。もしもアプリケーション・デバッグ中に semihost_uid という関数でハングしてしまった場合は、おそらくこれが原因です。アプリケーションで semihost 機能を使用する例としては、Ethernet の MAC アドレス取得があります。この場合は次のように対処すると良いでしょう。

1）自分の mbed の MAC アドレスを調べる

簡単なのは Quickstart を実行することです。第2章の図2.21 を参照してください。

2）自分のアプリケーションの中で mbed_mac_address 関数を上書きする

```
extern "C" void mbed_mac_address(char * mac) {
  mac[0] = 0x00;   // この6つの値を、Macアドレスに置き換えます
  mac[1] = 0x01;
  mac[2] = 0x02;
  mac[3] = 0x03;
  mac[4] = 0x04;
  mac[5] = 0x05;
};
```

　この関数は weak link されているので、アプリケーションで定義がなければデフォルトのもの（semihost 機能を用いて MAC アドレスを取得する機能）が、定義されていれば（2重定義にはならずに）、アプリケーションで定義した関数が使用されます。関数内の6つの値は、1）で調査した Mac アドレスを上位から2桁ずつ取り出したものです。

　なお当然ですが、このような状態のアプリケーションを他の mbed（異なる MAC アドレスを持つ）で使用すると、MAC アドレスの重複が起きてしまうので、十分に注意してください。

printf デバッグ

　最後にデバッグの王道（？）、printf デバッグの方法について解説します。デバッガは便利な機能ですが、実行速度が低下するためタイミングに依存したバグは、うまくデバッガ内では再現できないことがあります。こうしたケースでは、printf デバッグを試してみると良いでしょう。mbed のライブラリでは、標準出力が USB CDC デバイス（USB シリアルポート）に出力されます。このため、mbed を接続した PC 側でターミナルを起動して USB シリアルポートを読み出せば、mbed で標準出力に表示した内容を参照することができます。

　ここでは Mac での方法について解説しますが、Windows、Linux 用の方法も Web 上で検索（キーワード「USB シリアル」などで検索）すれば数多く見つかりますので、他のプラットフォームの場合はそちらを参照してください。まず mbed を接続していない状態でターミナルを起動して、「ls /dev/tty.*」の結果を確認しておきます（図5.42）。

● 図 5.42　シリアルポートの確認

　次に、mbed を接続してから、もう一度結果を確認します（図5.43）。

第5章　オフラインIDEを使ってmbedアプリケーションをデバッグする

```
hanaishiseismbp:typescript shanai$ ls /dev/tty.*
/dev/tty.Bluetooth-Incoming-Port          /dev/tty.siPhone-WirelessiAP          /dev/tty.usbmodem1422
```

● 図5.43　USBシリアルポートの確認

　本章の環境では新しく増えている、「/dev/tty.usbmodem1422」がUSBシリアルポートのデバイス名になります（今後、この部分をご自分のデバイス名に読み替えてください）。あとはターミナルでこのポートを開けば表示することができます。Macの場合、標準で入っているscreenが利用できます。

```
$ screen /dev/tty.usbmodem1422 9600
```

　最後の引数は通信速度です。これで、mbedで標準出力に表示したものが見えるはずです（図5.44）。

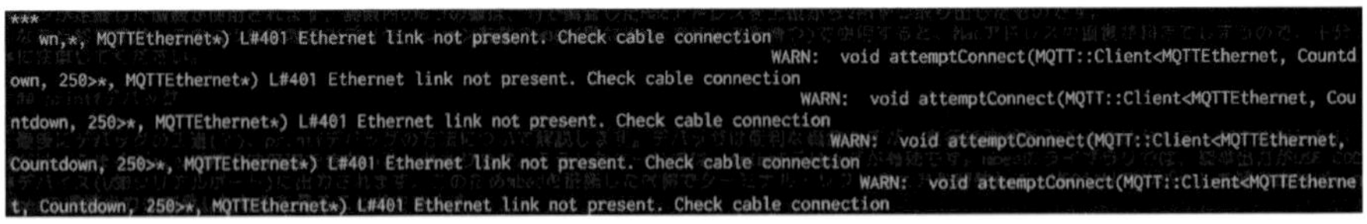

```
***
 wn,*, MQTTEthernet*) L#401 Ethernet link not present. Check cable connection
                                                    WARN:  void attemptConnect(MQTT::Client<MQTTEthernet, Countd
own, 250>*, MQTTEthernet*) L#401 Ethernet link not present. Check cable connection
                                                    WARN:  void attemptConnect(MQTT::Client<MQTTEthernet, Cou
ntdown, 250>*, MQTTEthernet*) L#401 Ethernet link not present. Check cable connection
                                                    WARN:  void attemptConnect(MQTT::Client<MQTTEthernet,
Countdown, 250>*, MQTTEthernet*) L#401 Ethernet link not present. Check cable connection
                                                    WARN:  void attemptConnect(MQTT::Client<MQTTEtherne
t, Countdown, 250>*, MQTTEthernet*) L#401 Ethernet link not present. Check cable connection
```

● 図5.44　screen実行画面にprintfの出力が表示されたところ

　screenの終了は、［Ctrl］＋［A］［K］［Y］です。なお改行コードに\nのみを使っていると、この例のように行の折り返しが見づらくなるので、mbedでの出力の際に"\r\n"を指定するか、Mac側でCRを付加すると良いでしょう。Mac側でのCRの付加には、本来はsttyというコマンドを使用するのですが、どうやらMacでは、このsttyが正しく動作しないという問題が昔からあるようです。Homebrewでminicomが提供されているので、これを使用すると良いでしょう（誌面の都合からHomebrew自体のインストールについては割愛します）。

```
$ brew install minicom
```

　minicomをインストールしたら、以下で起動します。

```
$ minicom -D /dev/tty.usbmodem1422 -b 9600
```

　［option］＋［Z］キーでメニューを出して、Add Carriage Returnの機能である［U］キーを押します（図5.45）。

134

5.6 本章のまとめ

```
                         Minicom Command Summary

                  Commands can be called by Meta-<key>
結果を確認します。
                  Main Functions                    Other Functions

 │ Dialing directory..D   run script (Go)....G │ Clear Screen.......C
 │ Send files........S   Receive files......R │ cOnfigure Minicom.O
 │ comm Parameters...P   Add linefeed.......A │ Suspend minicom....J
 │ Capture on/off....L   Hangup.............H │ eXit and reset....X
 │ send break.......F   initialize Modem...M │ Quit with no reset.Q
 │ Terminal settings..T   run Kermit.........K │ Cursor key mode....I
 │ lineWrap on/off....W   local Echo on/off..E │ Help screen........Z
 │ Paste file........Y   Timestamp toggle...N │ scroll Back........B
 │ Add Carriage Ret...U

                  Select function or press Enter for none.
```

● 図5.45 minicom で復帰コードの付加を指定

これでCRが付加されて、きちんと行が折り返されるようになるでしょう（図5.46）。

```
WARN: void attemptConnect(MQTT::Client<MQTTEthernet, Countdown, 250>*, MQTTEthernet*) L#401 Ethernet link not present. Check cable connecn
WARN: void attemptConnect(MQTT::Client<MQTTEthernet, Countdown, 250>*, MQTTEthernet*) L#401 Ethernet link not present. Check cable connecn
WARN: void attemptConnect(MQTT::Client<MQTTEthernet, Countdown, 250>*, MQTTEthernet*) L#401 Ethernet link not present. Check cable connecn
WARN: void attemptConnect(MQTT::Client<MQTTEthernet, Countdown, 250>*, MQTTEthernet*) L#401 Ethernet link not present. Check cable connecn
WARN: void attemptConnect(MQTT::Client<MQTTEthernet, Countdown, 250>*, MQTTEthernet*) L#401 Ethernet link not present. Check cable connecn
WARN: void attemptConnect(MQTT::Client<MQTTEthernet, Countdown, 250>*, MQTTEthernet*) L#401 Ethernet link not present. Check cable connecn
```

● 図5.46 きちんと行が折り返された状態

minicom の終了は［option］＋［Z］キーでメニューを呼び出して、［Q］キーです。なおデバッガに比べれば速いですが、シリアルへの出力もそれなりに重い処理なので注意してください。デバッグ出力文はマクロ定義しておいて、製品としての出荷時には削除するのが一般的です。

5.6　本章のまとめ

　オンライン IDE を用いれば mbed のアプリケーションを非常に簡単に試してみることが可能ですが、そのかわり提供される機能は簡単なものに限られてしまいます。ある程度の規模のソフトウェア開発には、オフラインの IDE を用いることでより効率良く開発を進めることが可能です。ここではオフラインの IDE として LPCXpresso を使用し、そのインストール方法、オンラインIDE から LPCXpresso にプログラムを移動する方法、また逆に LPCXpresso からオンラインIDE にプログラムを戻す方法について解説しました。

　mbed には、CMSIS-DAP と呼ばれるデバッグ・プローブが標準で組み込まれているため、USB ケーブルを接続しておくだけで、対話的にプログラムをデバッグできます。

第5章　オフラインIDEを使ってmbedアプリケーションをデバッグする

　mbedが提供する、USBメモリからのプログラム書き込み、デバッグ・プローブ（CMSIS-DAP）によるデバッグ・サポートといった機能は、mbedにあらかじめ書き込まれているファームウェアによって実現されています。実際に使用する際には、ファームウェアを最新にしておきましょう。

　最後にデバッガではタイミングの問題でバグが発生する条件がうまく再現できない場合を想定し、USBシリアルポートを用いたデバッグ方法について解説しました。

　次章からは再びクラウドを用いたIoTプログラミングに戻ります。お楽しみに。

第**6**章

Node-RED in Bluemix for IBM Watson IoT Platformによる開発とIoTアプリケーション開発の留意点

第5章ではオフライン IDE を使った mbed アプリケーションのデバッグ方法について解説しました。本章は 2部構成です。第 1 部は Node-RED in Bluemix for Watson IoT Platform による簡単なアプリケーション開発を実践し、第 2 部では IoT アプリケーション開発の留意点について解説します。

6.1 第1部：Node-REDを使用してIoTアプリを簡単に作ってみる

Node-REDとは

　Node-REDは、IBM英国Hursley研究所が開発したソフトウェアで、IoTデバイス、API、オンラインサービスを連携させるための開発用ツールです。ブラウザUIベースでビジュアルにモデルを作成でき、作成したモデルをすぐに動かしてみることができます。Node-REDはオープンソースとして提供されており、GitHubからソースを取得[注1]することができます。

　Node-REDはNode.jsが動作する環境で利用できますが、ここではセットアップが簡単なNode-RED in Bluemix for Watson IoT Platform（以降Node-RED in Bluemixと呼びます）を用います。

開発・テスト手順解説の前提事項

　これから説明する手順は、以下を前提としています。

- 本章での開発には、Macを使用しています
- IBMid取得済み、Bluemixにサインアップ済みの前提とします
- Bluemixの初期セットアップ（地域に「米国南部」を選択、任意の組織作成、スペース作成）済みの前提とします
- mbedにアプリケーションボードを装着済みとします
- mbedのクライアントサイドアプリは第2章でインストールしたものを使います
- mbedがBluemixに接続するためのネットワーク環境（ルーター、LANケーブル）が必要です

本章のアプリケーション概要

　第2章では、Watson IoT PlatformのQuickstartサービスを用いて、mbedからMQTTで送信されたセンサーデータをQuickstartで表示できることを確認しました。本章ではセンサーデータをBluemixへ送信し、Bluemix上のサービスやアプリケーションで処理を行えるようにします。

BluemixのNode-REDでアプリケーションを作成する

　BluemixにIBMidでログインします。

　ログイン後のダッシュボード右上に表示された地域が「米国南部」であることを確認してください。「米国南部」以外の場合も変更が可能です（図6.1）。

注1) https://github.com/node-red/node-red

6.1 第1部：Node-REDを使用してIoTアプリを簡単に作ってみる

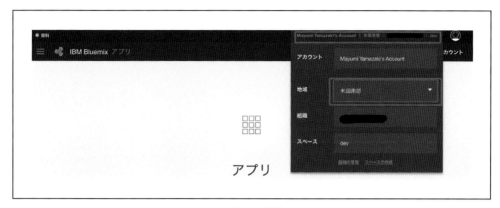

● 図6.1 地域

なお、この手順ではスペースを「dev」として作成しています。

アプリケーションを作成します。「カタログ」から「node-red」でアプリをフィルターして「Internet of Things Platform Starter」ボイラープレート（図6.2）を選択します。

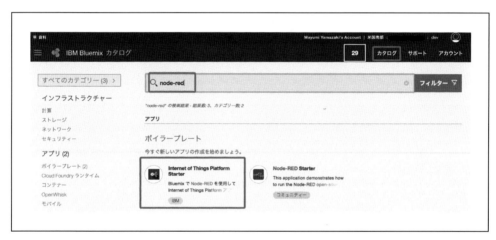

● 図6.2 ボイラープレートの選択

「Cloud Foundry アプリケーションの作成」画面が開きます。アプリに任意の名前を付けましょう。この手順では「iotmytestapp」とします。アプリ名を入力するとホスト名にも自動でアプリ名と同じ名前が設定されますので、ここではそのままとします。ブラウザをスクロールして料金などの内容を確認しましょう。「作成」をクリックすると、IoTアプリを開発する環境が作成されます（図6.3）。

139

第6章　Node-RED in Bluemix for IBM Watson IoT Platform による開発と IoT アプリケーション開発の留意点

● 図6.3　Cloud Foundry アプリケーションの作成

しばらく待つと、作成した「iotmytestapp」が実行中となります（図6.4）。

● 図6.4　iotmytestapp の状況

アプリケーションが実行中になったら「アプリの表示」をクリックしてみましょう（図6.5）。

6.1 第1部：Node-REDを使用してIoTアプリを簡単に作ってみる

● 図6.5　アプリの表示

Node-RED in Bluemixのスタートアップがブラウザに表示されます。赤色の「Go to your Node-RED flow editor」をクリックしてください（図6.6）。

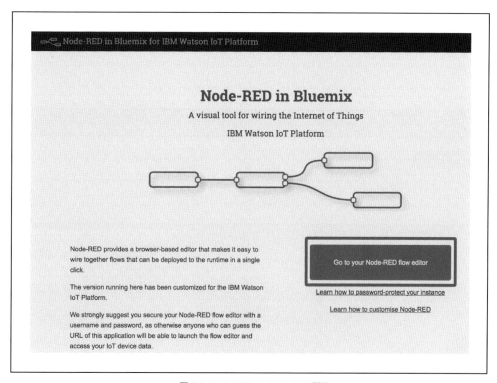

● 図6.6　Node-RED in Bluemixの開始

フロー・エディターのワークスペースには、あらかじめサンプルのフローが作られた状態となっています（図6.7）。

141

第6章　Node-RED in Bluemix for IBM Watson IoT Platformによる開発とIoTアプリケーション開発の留意点

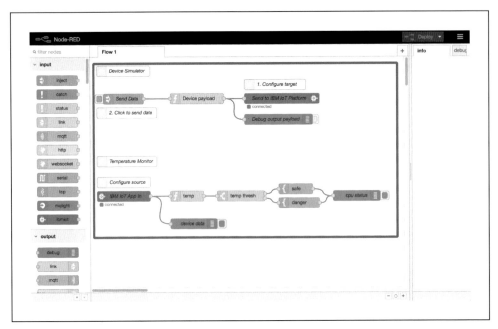

● 図6.7　サンプルフロー

　試しにワークスペースに配置された「IBM IoT APP In」ノードをダブルクリックしてみてください。プロパティの確認や変更が可能な構成ダイアログが表示されます。「IBM IoT APP In」ノードは、第2章でも紹介したWatson IoT PlatformのQuickstartから、デバイスのイベントデータをフローへ入力する責務を持ちます。

　そのほかのノードのプロパティも確認してみましょう。例えばサンプルフローの下半分、「Temperature Monitor」の各ノードの責務は表6.1の通りです。

●表6.1　「Temperature Monitor」の各ノードの責務

ノード名	責務
IBM IoT APP In	IBM IoT Foundationからデバイスのイベントデータをサブスクライブする
device data	フロー・エディターのdebugタブにデバッグメッセージとしてデバイスデータを出力する
temp	メッセージペイロードのJSONデータからtemp（温度）属性のみを取り出して返す
temp thresh	メッセージペイロードが40度以下なら1番目のフローに進み、40度より上なら2番目のフローに進む
safe	Temperature（温度）が安全な閾値の範囲内にあるというメッセージを出力する
danger	Temperature（温度）が危険な閾値の範囲内にある（安全な閾値の範囲外にある）というメッセージを出力する
cpu status	CPUの温度の状態をデバッグメッセージとして出力する（このサンプルでは、CPUの温度がイベントとして上がってきていると想定しています）

　各ノードの責務およびデータフロー（ノードのつながり）を確認することにより、「Temperature Monitor」は、デバイスから送信される温度のデータをもとに、CPUの状態が安全か危険かを判定して通知する、温度監視のIoTサービスを実現しようとしていることが分かります。

　このように、Node-REDでは、ブラウザUIベースのワークスペース上でさまざまなノード（カプセル化された小さな機能）をつなげることによってアプリケーションを構築します。要件

によっては、ほぼノンコーディングで作成することができますし、JavaScriptで自作した機能や他者が提供するAPIやサービスと連係させてカスタマイズできます。

作成したデータフローのモデルは、デプロイすれば動作を確認することができるので、Node-RED in Bluemixは、IoTアプリケーションのプロトタイプ構築に最適なソリューションの1つと言えるでしょう。

次に、IoTのサンプルフローに少し定義を加えて、実際に動作を確認してみましょう。

「IBM IoT App In」ノードに「Quickstart」サービスからデータ入力できるようにします。IoT Sensorシミュレーター[注2]をブラウザの新たなタブに表示させてください。シミュレーターに表示された右上の英数字がデバイスIDです。この値をコピーするか控えておいてください（図6.8）。

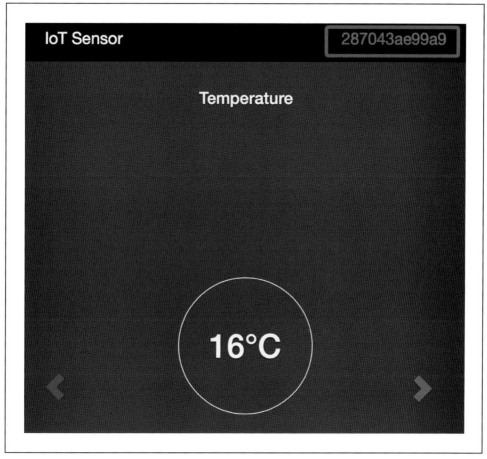

● 図6.8 シミュレーターのデバイスID

Node-REDのフロー・エディターに戻り、「IBM IoT App In」ノードの「Device Id」に控えておいた値を入力して「Done」をクリックします（図6.9）。

注2) https://quickstart.internetofthings.ibmcloud.com/iotsensor/

第6章　Node-RED in Bluemix for IBM Watson IoT Platformによる開発とIoTアプリケーション開発の留意点

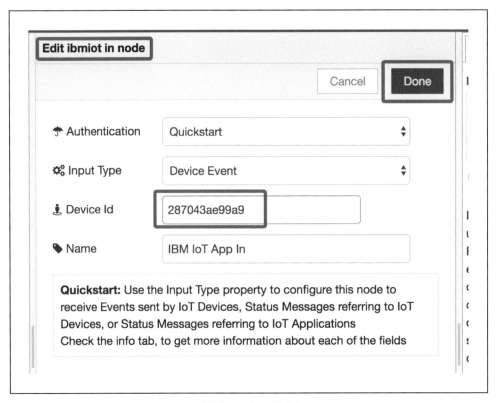

● 図6.9　Device Idの入力

　変更が加わったのでワークスペース右上の「Deploy」が赤色になりました。「Deploy」をクリックしてみましょう

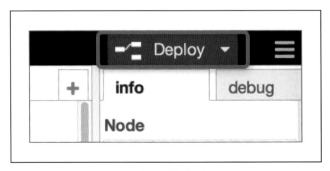

● 図6.10　デプロイ

　「Successfully Deployed」という通知が表示されたらデプロイ完了です。フロー・エディターの右にあるデバッグコンソールに、図6.11のようなメッセージが出力されましたか？

144

● 図6.11 デバッグメッセージの確認

　3秒おきにシミュレーターのイベントが実行され、Bluemix上のアプリケーションがシミュレーターのセンサーデータを入力処理します。「temp thresh」ノードでは温度の閾値判定が行われ、その判定結果がデバッグメッセージとして出力されます。

　デバッグコンソールには、シミュレーターからの入力データもデバッグ用途で出力されていることが分かります。

　シミュレーターの下部に表示された矢印をクリックすると温度を上下できるので、40度以下の温度、また41度以上の温度に変更してみましょう。デバッグコンソールに表示される判定結果の内容が変わりましたか？

第6章　Node-RED in Bluemix for IBM Watson IoT Platform による開発と IoT アプリケーション開発の留意点

2016/11/13 22:36:33　cpu status

msg.payload : string [25]

Temperature (41) critical

2016/11/13 22:36:33　device data

iot-2/type/iotqs-sensor/id/287043ae99a9/evt/iotsensor/fmt/json : msg :

Object

{ "topic": "iot-2/type/iotqs-sensor/id/287043ae99a9/evt/iotsensor/fmt/json", "payload": { "d": { "name": "287043ae99a9", "temp": 41, "humidity": 77, "objectTemp": 23 } }, "deviceId": "287043ae99a9", "deviceType": "iotqs-sensor", "eventType": "iotsensor", "format": "json", "_msgid": "a1f53e60.5e0ac" }

● 図6.12　メッセージの変化の確認

　サンプルフローの動作確認が終わったら、「IBM IoT App In」ノードの「Device Id」の値を削除して再びデプロイしましょう。これでシミュレーターのイベントデータのサブスクライブを止めることができます。デバッグコンソールに「Device Id is not set for Quickstart flow」というメッセージが出力された後は、何も出力されないことを確認してください。

mbed のセンサーデータを入力データにする

　以降の手順で、mbed から送信されるセンサーデータを Node-RED のデータフローへ入力できるように、サーバー側およびクライアント側へ変更を加えていきます。

Watson IoT Platform への mbed デバイスの追加

　Bluemix のダッシュボードで、アプリ「iotmytestapp」にバインドされた Internet of Things Platform サービス「iotmytestapp-iotf-service」をクリックします。表示された「iotmytestapp-iotf-service」の初期ページにある「ダッシュボードを起動」をクリックします（図6.13）。

146

6.1 第1部：Node-REDを使用してIoTアプリを簡単に作ってみる

● 図6.13 ダッシュボードを起動

Watson IoT Platformのダッシュボードが開きます。メニューより「デバイス」をクリックします。

● 図6.14 デバイス

この後、Watson IoT Platformへのmbedデバイス追加手順を、「デバイス・タイプの追加」と「デバイスの追加」に分けて解説します。

IoTサービスでは通常、大量のデバイス情報を登録・管理する必要があるため、デバイスの種類別に「デバイス・タイプ」という区分を用意しておくことで、デバイス情報の登録・管理の手

147

間を省力化できます。もっとも本手順のデバイスは1台なので、デバイス・タイプは1つだけ定義します（デバイス・タイプは、デバイス定義の際に必ず指定が必要になります）。

デバイス・タイプの追加

1. ダッシュボードの「＋デバイスの追加」ボタンをクリックする（図6.15）
2. デバイス・タイプは未作成なので「デバイス・タイプの作成」をクリックする（図6.16）
3. タイプの作成では「デバイス・タイプの作成」をクリックする（図6.17）
4. 一般情報の「名前」に任意の値（本手順では「ARM_mbed」）を入力して「次へ」をクリックする（図6.18）
5. テンプレートの定義は何も選択せず「次へ」をクリックする（図6.19）
6. 情報の送信で「次へ」をクリックする（図6.20）
7. メタデータは空のまま「作成」をクリックする（図6.21）

● 図6.15　デバイス・タイプの追加手順1

● 図6.16　デバイス・タイプの追加手順2

6.1 第1部：Node-REDを使用してIoTアプリを簡単に作ってみる

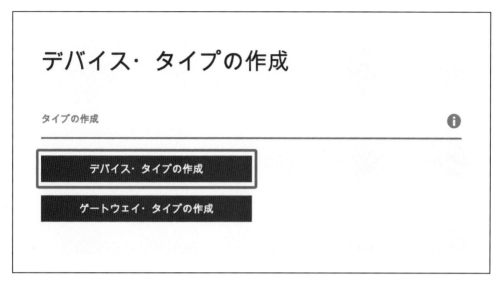

● 図6.17 デバイス・タイプの追加手順3

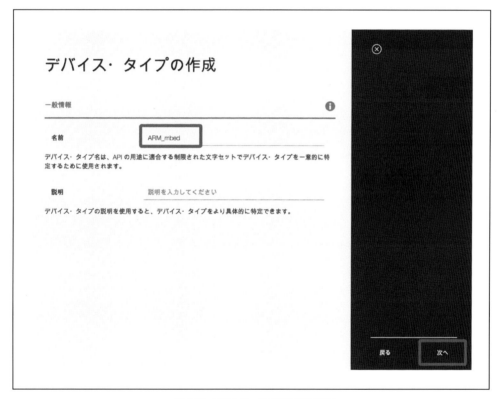

● 図6.18 デバイス・タイプの追加手順4

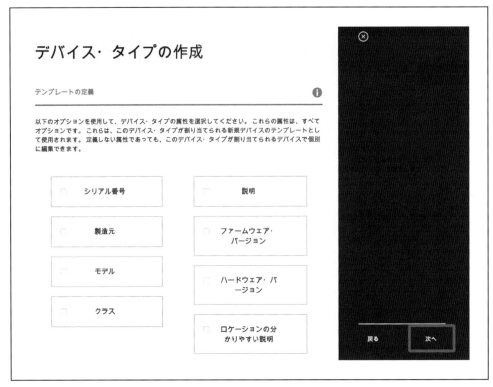

● 図6.19 デバイス・タイプの追加手順5

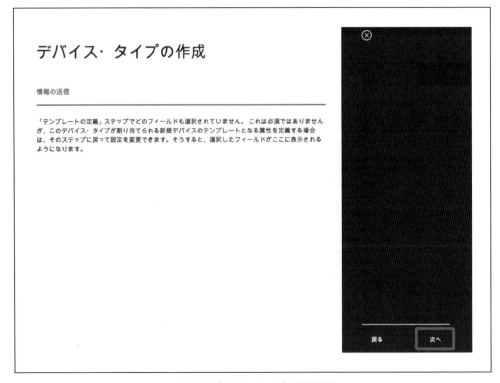

● 図6.20 デバイス・タイプの追加手順6

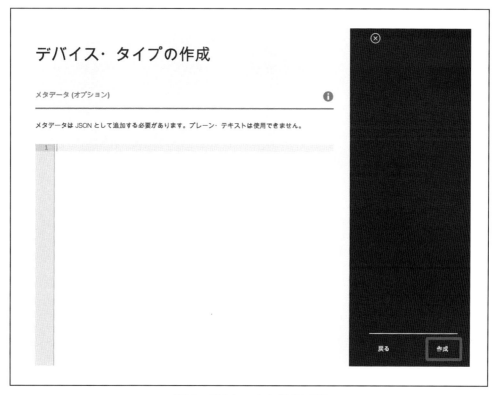

● 図6.21　デバイス・タイプの追加手順7

デバイスの追加

1. デバイス・タイプの追加手順2の画面へ戻ると、追加したデバイス・タイプ名「ARM_mbed」が設定されているため「次へ」をクリックする（図6.22）
2. 「デバイスID」として自分のmbedのデバイスID[注3]を入力して「次へ」をクリックする（図6.23）
3. メタデータは空のまま「次へ」をクリックする（図6.24）
4. セキュリティはデフォルトの自動生成認証トークンを使用するため、そのまま「次へ」をクリックする（図6.25）
5. 要約では内容を確認して「追加」をクリックする（図6.26）
6. 追加されたデバイスの資格情報（組織ID、デバイス・タイプ、デバイスID、認証方式、認証トークン）が表示されるため、資格情報をコピーしてテキストエディターなどに控えたのち、デバイス資格情報を閉じる（図6.27）

注3) デバイスIDを忘れた場合は、第2章の「クライアント側の手順」に記載した方法を参照してください。

第6章　Node-RED in Bluemix for IBM Watson IoT Platformによる開発とIoTアプリケーション開発の留意点

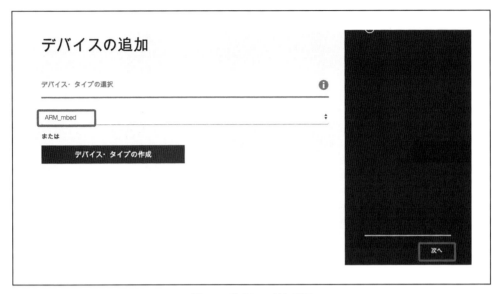

● 図6.22　デバイスの追加手順1

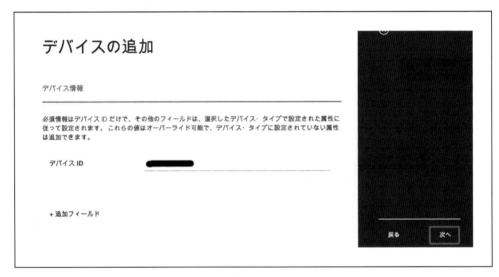

● 図6.23　デバイスの追加手順2

6.1 第1部：Node-REDを使用してIoTアプリを簡単に作ってみる

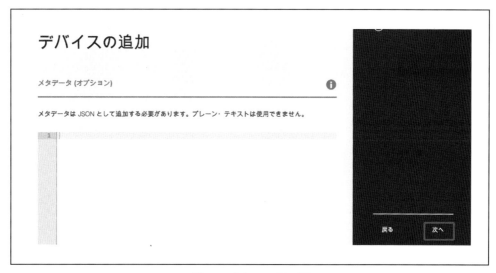

● 図6.24　デバイスの追加手順3

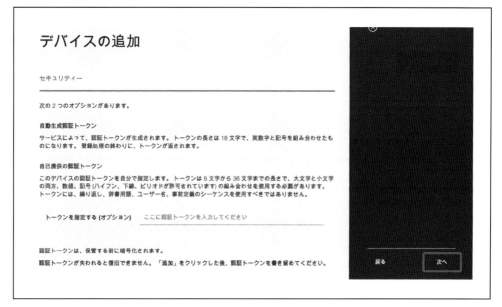

● 図6.25　デバイスの追加手順4

第6章　Node-RED in Bluemix for IBM Watson IoT Platformによる開発とIoTアプリケーション開発の留意点

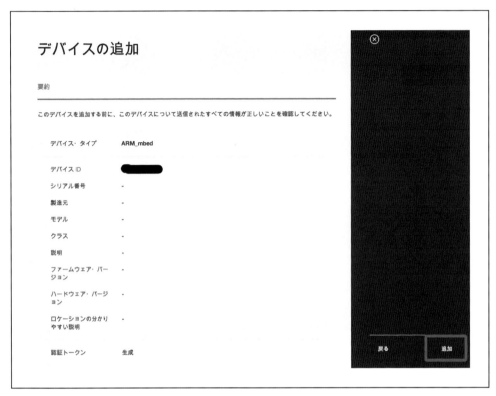

● 図6.26　デバイスの追加手順5

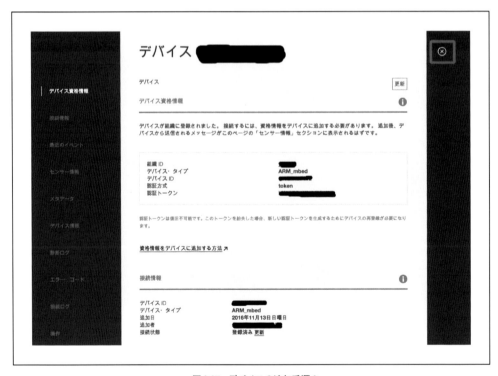

● 図6.27　デバイスの追加手順6

mbed クライアント側の設定変更

次に、こちらのレシピ[注4]を参考にmbedのセンサーデータの送信準備をします。

1. mbedデベロッパー・サイト（https://developer.mbed.org/）を開き、ログインする
2. mbedのコンパイラを開く
3. プログラムワークスペースのマイプログラムから「IBMIoTClientEthernetExample」を選択する
4. プログラムがワークスペースに存在しない場合は、検索条件にプログラム名「IBMIoTClientEthernetExample」を指定して検索し、インポートする
5. プログラムをコンパイルしてバイナリファイルをダウンロードする
6. main.cpp（図6.28）の38行目～41行目（2016年11月の執筆時点）を表6.2および図6.29を参考に、デバイスの追加手順6で控えておいた資格情報の値で変更する。コンパイルしたらバイナリファイルをダウンロードする
7. 手順6でダウンロードしたバイナリファイルを作業用PCのOSの操作でMBEDドライブへコピーする
8. 作業用PCのOSの操作でMBEDドライブを取り外す
9. mbedのアプリケーションボードとルーターをLANケーブルでつなぎ、mbedのリセットボタンを押す
10. Watson IoT Platformのダッシュボードでデバイス「ARM_mbed」が接続済みの状態となり（図6.30）、データが送信されることを確認する。デバイス「ARM_mbed」の行をクリックすると、イベントやセンサー情報の受信ログ、接続ログなどを確認できる。図6.31はイベントやセンサー情報の受信ログの例
11. 確認ができたら、一旦mbedからイーサネットケーブルを外してデータ送信を止める

注4) https://developer.ibm.com/recipes/tutorials/connecting-an-arm-mbed-nxp-lpc-1768-to-the-internet-of-things/

第6章 Node-RED in Bluemix for IBM Watson IoT Platformによる開発とIoTアプリケーション開発の留意点

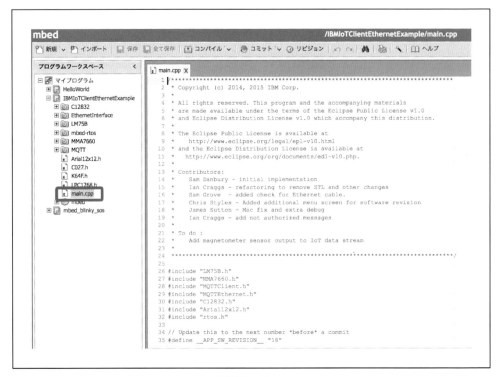

● 図6.28 main.cpp

●表6.2 main.cppの変更

変更箇所	変更前	変更後
#define ORG	"quickstart"	"資格情報の組織ID"
#define ID	""	"資格情報のデバイスID"
#define AUTH_TOKEN	""	"資格情報の認証トークン"
#define TYPE	DEFAULT_TYPE_NAME	"ARM_mbed"

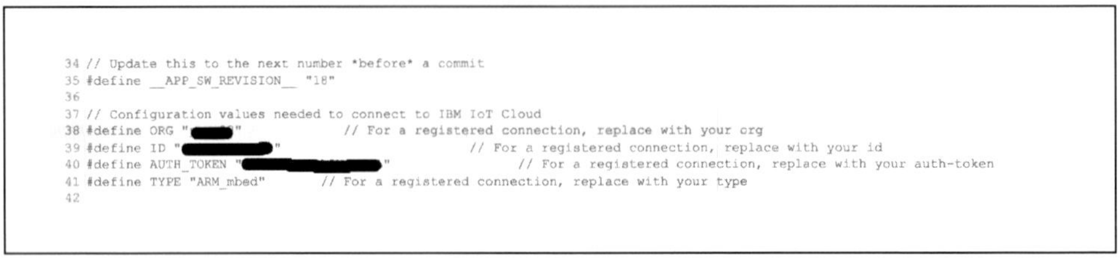

● 図6.29 変更後ソース

156

6.1 第1部：Node-REDを使用してIoTアプリを簡単に作ってみる

● 図6.30 ダッシュボードでのデバイス

最近のイベント		
イベント	フォーマット	受信時刻
status	json	2016/11/14 0:33:00
status	json	2016/11/14 0:33:01
status	json	2016/11/14 0:33:03
status	json	2016/11/14 0:33:04
status	json	2016/11/14 0:33:05
status	json	2016/11/14 0:33:07
status	json	2016/11/14 0:33:08
status	json	2016/11/14 0:33:09
status	json	2016/11/14 0:33:11
status	json	2016/11/14 0:33:12

センサー情報			
イベント	データ・ポイント	値	受信時刻
status	d.myName	IoT mbed	2016/11/14 0:33:12
status	d.accelX	0	2016/11/14 0:33:12
status	d.accelY	-0.0938	2016/11/14 0:33:12

● 図6.31 イベントおよびセンサー情報の受信

Node-REDアプリケーションの変更

　Bluemixのダッシュボードより、アプリケーション「iotmytestapp」が実行中であることを確認し、経路のURLをクリックします。

157

第6章　Node-RED in Bluemix for IBM Watson IoT Platformによる開発とIoTアプリケーション開発の留意点

● 図6.32　Bluemixのダッシュボード

　Node-REDのフロー・エディターを開きましょう。mbedのデータを「iotmytestapp」へ入力できるようにノードの定義を変更して、動作を確認する手順を、これからご説明します。

1）IBM IoT App In ノードの変更

　該当のノードをダブルクリックして構成ダイアログを開き、プロパティを以下の通り変更して「Done」をクリックします（図6.33）。

- Authentication ： Bluemix Service
- Input Type ： Device Event
- Device Type ： ARM_mbed
- Device Id：デバイスID（Watson IoT Platformに設定した資格情報のデバイスIDと同じ値）
- Event ： status
- Format ： json
- QoS ： 0

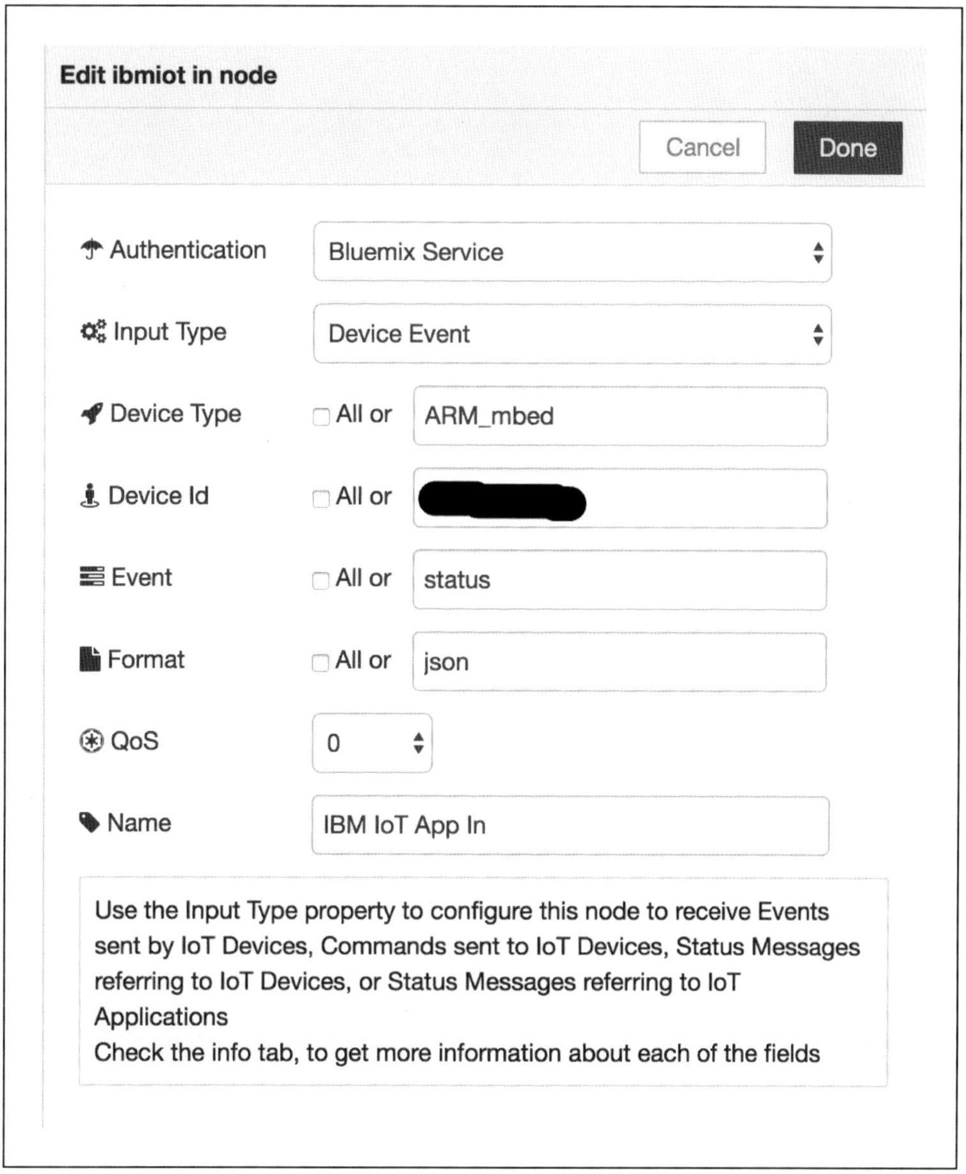

6.1　第1部：Node-REDを使用してIoTアプリを簡単に作ってみる

Edit ibmiot in node

Cancel　Done

☂ Authentication　　Bluemix Service　　　　　　　　　⇕

⚙ Input Type　　　　Device Event　　　　　　　　　　⇕

⚑ Device Type　　☐ All or　ARM_mbed

⚓ Device Id　　　☐ All or　███████

☰ Event　　　　　☐ All or　status

📄 Format　　　　 ☐ All or　json

✳ QoS　　　　　　0　⇕

🏷 Name　　　　　IBM IoT App In

Use the Input Type property to configure this node to receive Events
sent by IoT Devices, Commands sent to IoT Devices, Status Messages
referring to IoT Devices, or Status Messages referring to IoT
Applications
Check the info tab, to get more information about each of the fields

● 図6.33　IBM IoT App Inノードの変更

2) デプロイおよびデータ受信確認

mbedとアプリケーションボードをインターネット接続状態にします。

フロー・エディターのDeployをクリックして変更後のアプリケーションをデプロイすると、
センサーデータを受信したことがデバッグログに出力されるはずです（図6.34）。

159

第6章　Node-RED in Bluemix for IBM Watson IoT Platformによる開発とIoTアプリケーション開発の留意点

● 図6.34　デバッグログ

新たな Node-RED アプリケーションを開発する

最後に Node-RED での開発の応用編として、サンプルフローをカスタマイズして別の振る舞いをするアプリケーションに変更してみましょう。

無人の場所に設置された物体にセンサーを仕掛け、その物体が動かされたら Twitter で通知するというシナリオを実現するアプリケーションを作成します。

作成するアプリケーションの概要

- accelX または accelY の値が -0.1 から 0.1 の間は正常範囲、左記以外を異常とする
- accelZ の値が -1.5 から 1.5 の間は正常範囲、左記以外を異常とする
- Twitter には同一メッセージの連投制限があるので、毎回メッセージの内容を変化させる

1. 温度センサーではなく加速度センサーのデータをアプリケーションの入力として利用する
2. 加速度センサーの X 軸、Y 軸、Z 軸それぞれの閾値を設定し、正常・異常を判定する
3. 異常時にメッセージを Twitter につぶやく

作成済みフローの例

作成済みフローの例は図 6.35 のようになります。

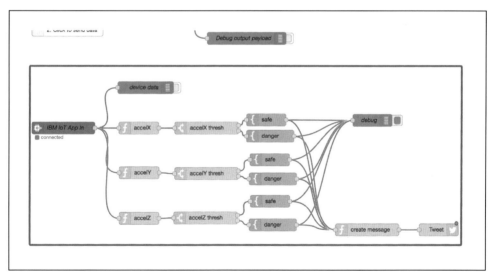

● 図 6.35 作成済みのフロー

アプリケーション作成のための変更ポイント

それでは、これからアプリケーション作成のための変更ポイントを解説します。

1）温度センサーではなく加速度センサーのデータをアプリケーションの入力として利用する

mbedクライアント側のプログラムは、Watson IoT Platformサービスへ加速度センサーのデータも送信するため、入力ノード（図6.35では「IBM IoT App In」）は変更不要です。

加速度センサーのデータは、accelX、accelY、accelZとして参照することができるため、図6.36のように定義しましょう。定義を変更したら「Done」をクリックしてください。

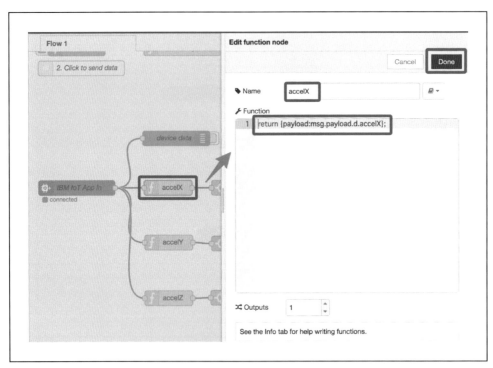

● 図6.36 accelXのみを取り出すファンクション

2）加速度センサーのX軸、Y軸、Z軸それぞれに閾値を設定し、正常・異常を判定する

このアプリケーションの閾値は、動作確認しやすいように異常値を発生させやすくしています。

mbedおよびアプリケーションボードを机上などの平面に設置した状態でX～Z軸の値が示す範囲を一定時間観察した上で、ゆっくり傾けたり動かしたりしたときのセンサーの値の変化を確認して閾値を決めました（図6.37）。こちらも定義変更後は「Done」をクリックしてください。

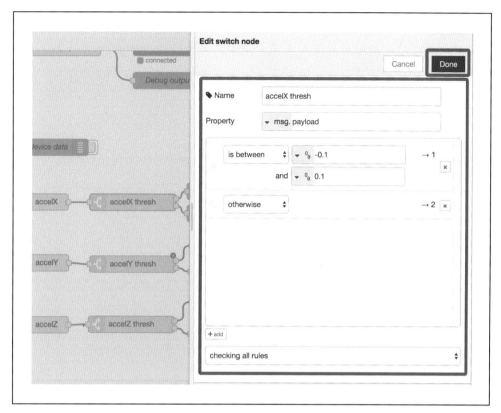

● 図6.37 accelX の判定

3）異常時にメッセージを Twitter につぶやく

　Twitter に出力するノードは、フロー・エディターの左側ペインの「Social」カテゴリーにあります。鳥のマークが右側に付いたノードを配置しましょう（左側にマークが付いたノードは入力ノード、右側にマークが付いたノードは出力ノードです）。

　構成ダイアログでは、ご自身がお持ちの Twitter アカウントで API を利用するための設定を行います。アプリケーションから自動ツイートするため、テストとして使っても良い Twitter アカウントを設定してください。

　Node-RED から Twitter API を利用できるようにするための設定手順を図6.38～図6.42に示します。図6.40で「連携アプリを認証」をクリックした後、次のメッセージが表示されたら Node-RED のフロー・エディターへ戻って設定を行います。

　　Authorised - you can close this window and return to Node-RED

　フロー・エディターへ戻り、図6.41のように Twitter の ID が構成ダイアログに表示されたら「Add」をクリックします。

　Twitter ID が「twitter out node」へ反映されるため、「Done」をクリックしてデータフローを更新します（図6.42）。

第6章　Node-RED in Bluemix for IBM Watson IoT Platformによる開発とIoTアプリケーション開発の留意点

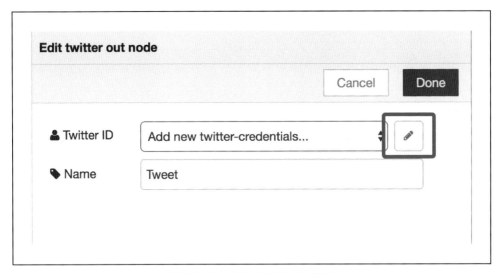

● 図6.38　Node-REDからのTwitter利用1

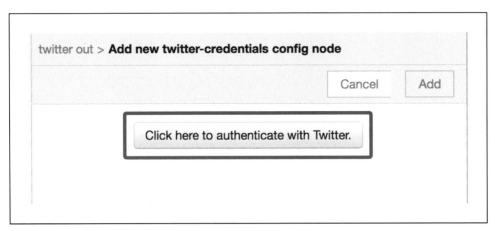

● 図6.39　Node-REDからのTwitter利用2

164

6.1 第 1 部：Node-RED を使用して IoT アプリを簡単に作ってみる

● 図 6.40　Node-RED からの Twitter 利用 3

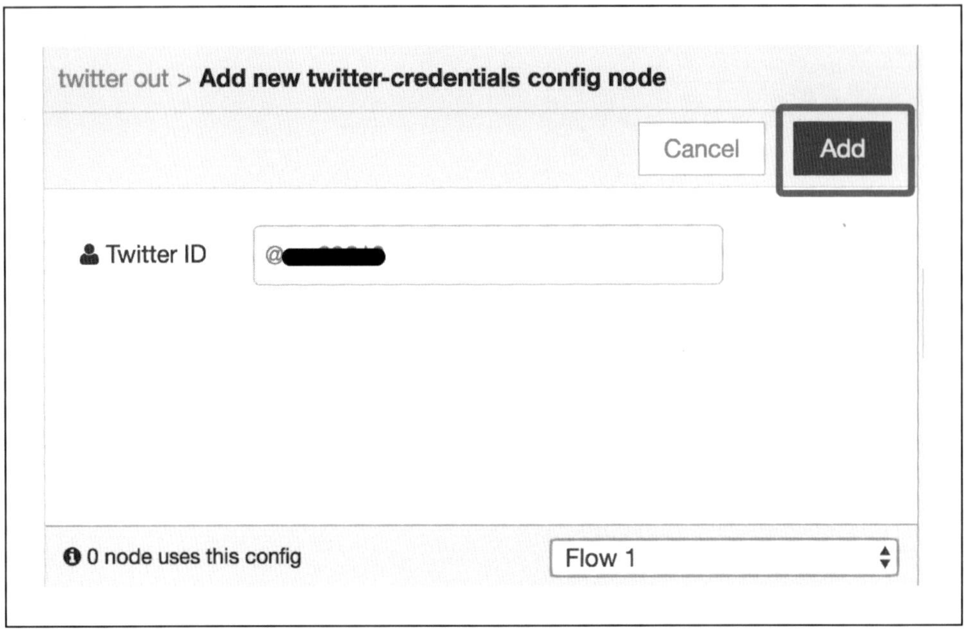

第6章　Node-RED in Bluemix for IBM Watson IoT Platform による開発と IoT アプリケーション開発の留意点

● 図 6.41　Node-RED からの Twitter 利用 4

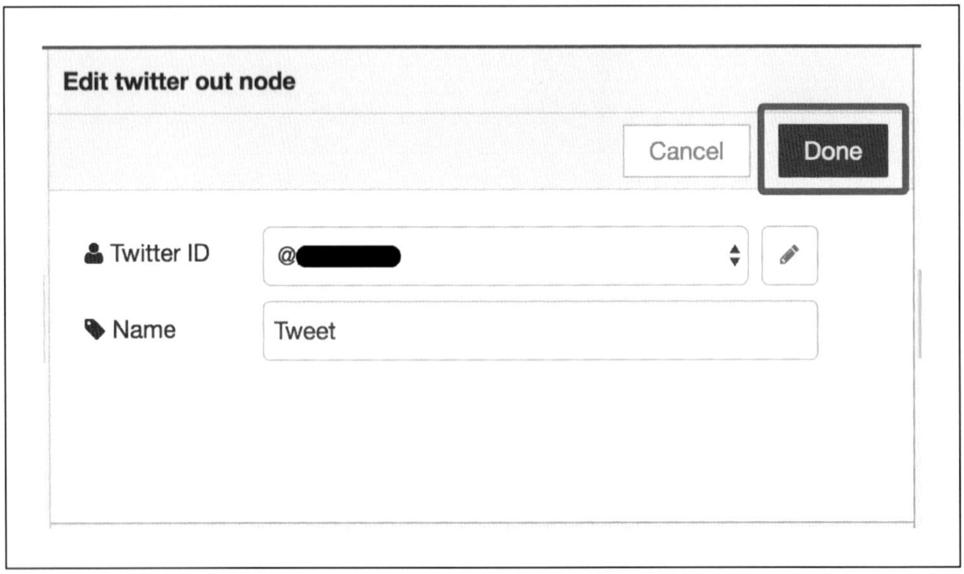

● 図 6.42　Node-RED からの Twitter 利用 5

　Twitter につぶやくメッセージの文言は、ファンクションとして定義します。同一文言の連投制限を回避するため、毎回メッセージの文言を変えるように、getTime メソッドの結果をメッセージ文言の先頭に追加しています（図6.43）。

　テストメッセージの文言はインターネットに公開されるため、この例では、直接的な言い回しは避けました。

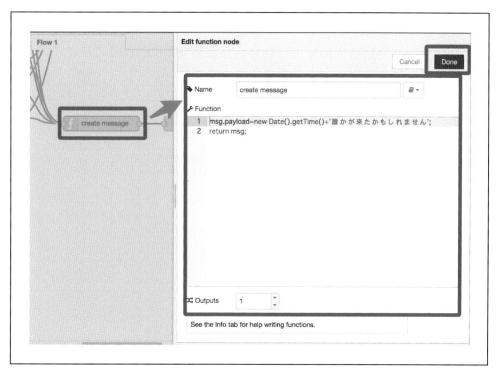

● 図6.43 メッセージ作成

この後の動作確認のため、デバッグログを出力可能とします。図6.44で印を付けたスイッチをクリックすることにより、デバッグログ出力のオン・オフを切り替えることが可能です。図6.44のようにスイッチが飛び出て濃い緑色の状態になっていれば、ログが出力されます。

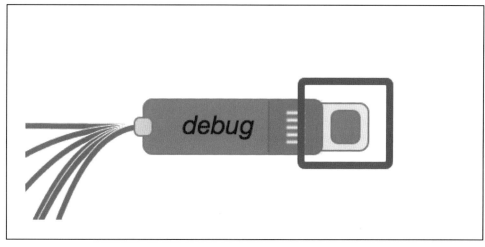

● 図6.44 デバッグログ出力のオン

第 6 章　Node-RED in Bluemix for IBM Watson IoT Platform による開発と IoT アプリケーション開発の留意点

動作確認

　mbed からセンサーデータを Bluemix へ送信する準備ができたら、変更後の Node-RED アプリケーションをデプロイしてください。

　デバッグログを確認しながら mbed およびアプリケーションボードを動かし、異常と判定された場合にのみ、定義したメッセージが Twitter につぶやかれることを確認しましょう（図6.45、図6.46）。

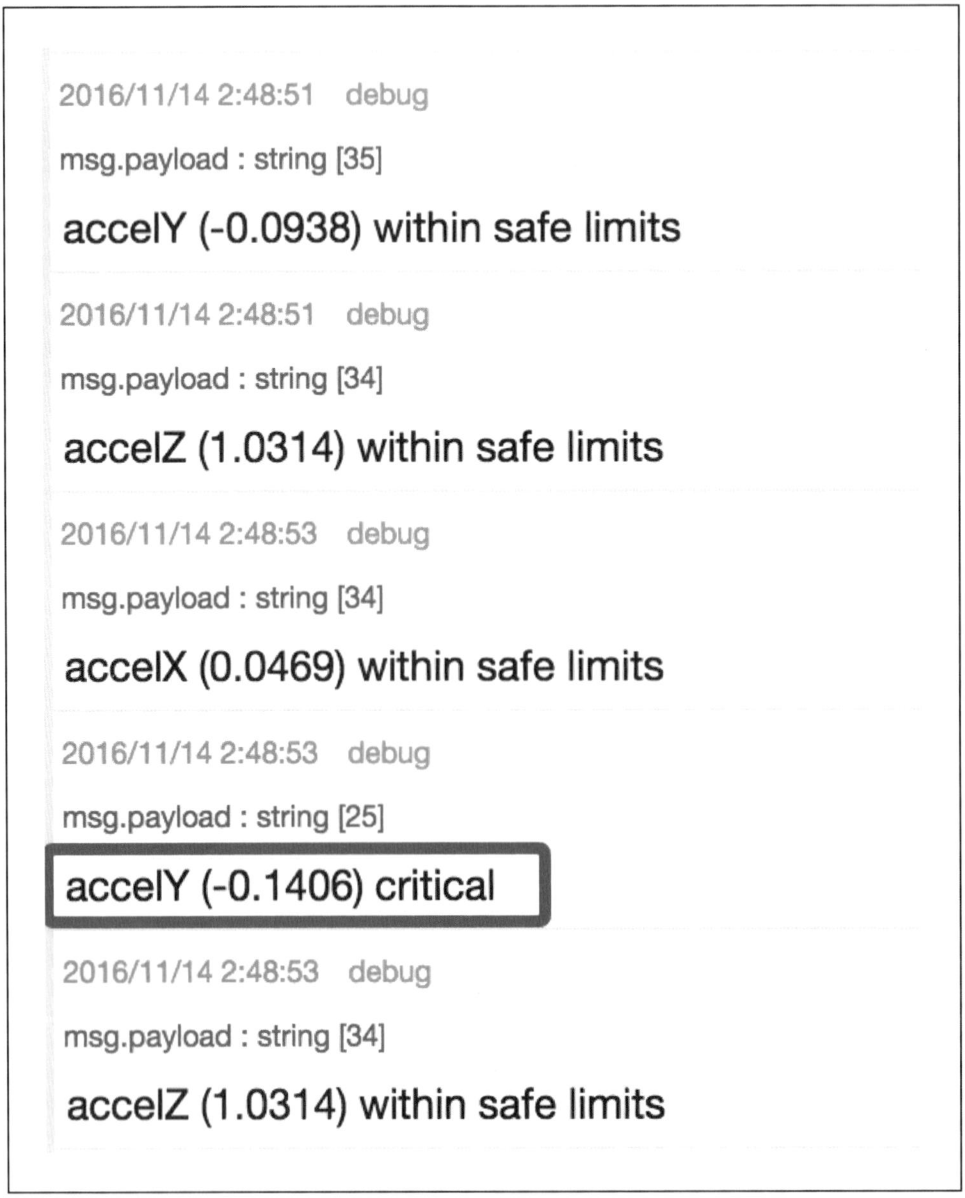

● 図6.45　デバッグログの確認

● 図 6.46　Twitter の確認

　異常ケースの確認ができたら、正常状態になるように mbed およびアプリケーションボードを平面に静止させて、Twitter へのつぶやきが止まることを確認してください。

　確認が済んだら LAN ケーブルを抜いてセンサーデータの送信を止めるか、Bluemix 上のアプリケーションを停止させます。

　実際に動作確認をしてみると、異常値が 10 回連続したらつぶやくように変更したいなどの改善点が明らかになってくるかと思います。利用しやすいアプリケーションになるように、どんどん改良を試してみましょう。

　なお、Node-RED で作成したデータフローは、クリップボード経由でエクスポートすることができます。フロー・エディター上で、ノードとワイヤーを全選択（Mac の場合は［Command］+［A］キー、Windows の場合は［Ctrl］+［A］キーを押す）したまま、Node-RED のメニューから「エクスポート」すれば、テキストファイルなどに JSON 形式でフローをペーストすることができるため、バックアップ取得や配布が可能です（図 6.47 〜図 6.49）。また、テキストファイルなどから JSON をコピーして、Node-RED のメニューから「インポート」を選択することで、クリップボードからフローをインポートできます。

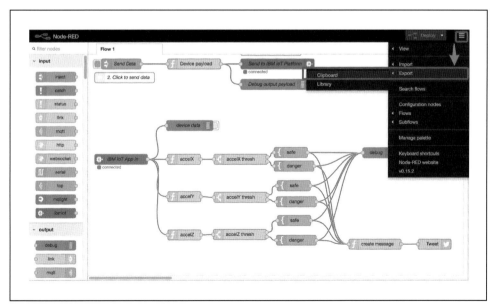

● 図 6.47　クリップボードへのエクスポート 1

第6章　Node-RED in Bluemix for IBM Watson IoT Platformによる開発とIoTアプリケーション開発の留意点

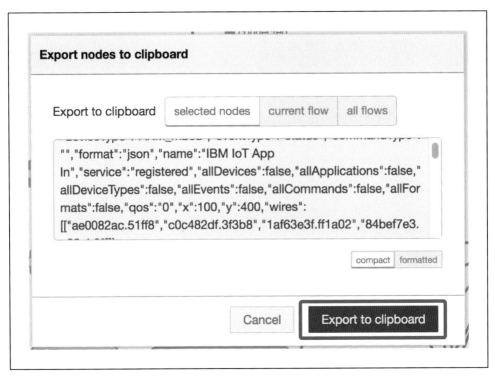

● 図6.48　クリップボードへのエクスポート2

● 図6.49　クリップボードからテキストファイルへ値をペースト

170

第1部のまとめ

本章の第1部は、Node-RED in Bluemix を利用した簡単なアプリケーション開発を実践しました。Node-RED は、プログラミングの専門家でなくても IoT アプリケーションの開発や動作確認を手軽に試すことができるツールです。Node-RED in Bluemix を利用すると、MQTT サーバーやアプリケーションサーバーなどの環境を構築する手間を省くことができるため、アプリの開発作業に専念できます。

6.2　第2部：IoTアプリケーション開発の留意点

本章の第2部ではプログラミングによる機能の実装以外の注意点を見ておきます。パフォーマンスやキャパシティ、セキュリティです。

機能は正しく動くけれど待ち時間が長すぎたり、少し動かすとデータがいっぱいになってしまったりしたらがっかりですね。また、自分の情報を知らない人に知られてしまうことは危険なので避けたいと思うでしょう。

つまり、あなたは自分の IoT アプリケーションに対して、速く動いてほしい、データも必要な分はためてほしい、不必要な情報公開をしてほしくないという要件を持っていることになります。これらの IoT アプリが満たすべき要件で機能以外のものを、難しい言葉で非機能要件と言います。

非機能要件の種類についてはさまざまな団体がそれぞれ定義をしており、パフォーマンスやキャパシティ、セキュリティ以外にもあるのですが、ここでは IoT アプリで特に注意したい非機能要件であるこの3点について見ていきます。

パフォーマンス

1台の mbed で IoT アプリケーションを開発していろいろな機能を試してみる場合は、パフォーマンスの問題はめったに発生しないでしょう。しかし、台数を増やして長い期間で動かそうとすると、データが増えてくるにつれて動きが遅くなってくることがあります。そういった場合、プログラム以外の部分に手を入れる必要が出てくることがあります。

よくあるのは、データベースの対応です。お使いのデータベースのマニュアルで、テーブルのインデックスを作成する方法はぜひ確認してください。

キャパシティ

同じように台数を増やして長い期間で動かそうとすると、キャパシティの問題も出てきます。センサーから受信したデータをため続けていると記憶域の容量が足りなくなる可能性があります。クラウドで必要に応じて増やせるから大丈夫という場合でも、その分課金が増えてしまいます。

第3章、第4章のサンプルプログラムのように、ある一定期間は時系列にデータをためる想定の IoT アプリケーションであれば、必要なデータをためられるだけの記憶域が必要になります。

一方で本章の第1部で作成したサンプルプログラムのように、リアルタイムに入ってくるデータを閾値監視するIoTアプリケーションであれば、古いデータはどんどん捨てても構わないでしょう。

クラウドでもローカルでもデータをためるためにお金をかけて記憶域の容量を増やすか、それともある一定期間で古いデータを削除するか、もしくはデータはためずにリアルタイムに届いた最新のデータだけを使うかといった検討をしてみてください。

セキュリティ

IoTアプリケーションを載せたサーバーは、その性質上インターネットに接続します。サーバーをインターネット上で公開すると誰でもアクセスできるようになるので、自分専用のマイサーバーと思っていてもファイアウォールの設定などのセキュリティ設定をする必要があります。

サーバーには、センサーで集めた情報をためることになるのですが、IoTアプリケーションで集めるセンサーのデータは、少量では意味が分からなくても、大量に集めると個人の情報を推測できる場合があるのです。

分かりやすい例としては、GPSモジュールです。GPSモジュールは、現在位置をデータとして活用できるため地図情報と組み合わせるなどしてうまく使うと便利です。しかし、持ち歩くものにGPSモジュールを付けてその位置情報をサーバーに集めていると、持ち主の居場所が分かってしまったり、日中動いているならば自宅が留守であることが分かってしまう可能性もあります。

このように趣味で自分のmbedのデータを集めている場合でもうっかり人に知られてしまうと困ることがありえるのです。

第2部のまとめ

IoTアプリケーション開発の留意点として、プログラミングによる機能の実装以外に、非機能要件であるパフォーマンス、キャパシティ、セキュリティの観点に注意する必要があることを確認しました。

本書を読んでさらに自分のIoTアプリケーションを発展させていく際には、ぜひ非機能要件の観点を取り入れて見直してみてください。

第**7**章

mbedを使って音声認識で
デバイスを制御する

　本章では、mbed で音声認識を試してみたいと思います。IoT では、デバイスがネットワークにつながっています。このためデバイスでは処理が難しい高度な処理を、ネットワークで接続された別のコンピュータで行い、デバイス側ではその結果を利用するという処理形態が可能となります。これによりデバイスの見かけの能力を大幅に引き上げられます。

7.1 音声認識でデバイスを制御する

Bluemixには、あらかじめさまざまなサービスが提供されており、これらを用いることで多様なアプリケーションを簡単に構築できます。本章ではWatson Speech to Textというサービス（以下、WSTと呼びます）を用いて音声認識の機能を利用します（図7.1）。

● 図7.1 音声認識サービス

mbedに対して音声で命令を伝えると、その動作を行ってくれるようにしてみましょう。ここでは簡易的に「明るくして」という音声を認識したら、照明の替わりとしてLED4を点灯することにします。WSTは音声データ（flac、PCM、WAV、Ogg）を受け取って（現在は、通信方式としてHTTPとWebSocketに対応）、JSONで認識結果を返してくれます（仕様の詳細は、Watson Developer Cloudの説明[注1]を参照してください）。2016年11月現在、日本語にも対応しています。

面白いのは認識結果として複数の結果を返すことがあるという点で、それぞれに対し、Confidence（確信度）という数値が付けられて、Watsonがどの程度その結果に自信を持っているかが分かります。

7.2 デバイス側のリソースの考慮

音声データの処理には多量のメモリが必要となります。例えば2秒間の音声データを取り込むことを考えてみましょう。マイクからの信号はアナログデータですが、これをデジタルデータとして取り込みます（これを量子化と言います）。仮にマイクの最大出力が±1V（ボルト）とすると、2Vの範囲を例えば65536等分（16bit）してデジタルデータに変換します。何bitに量子化するかで音声の品質や、必要とするメモリ量が変わってきます。ここでは16bitとして計算してみましょう。次にサンプリング周波数を決定します。マイク出力は時間と共に変化するので、一定時間ごとに取り込む必要があります。例えば1秒間に8000回取り込むとすると、1/8000秒に1

注1) https://www.ibm.com/watson/developercloud/speech-to-text.html

回取り込むことになります。このとき、取り込み間隔（1/8000秒）の逆数をサンプリング周波数と呼びます。ここでの例の場合は8000Hz = 8kHzとなります（図7.2）。

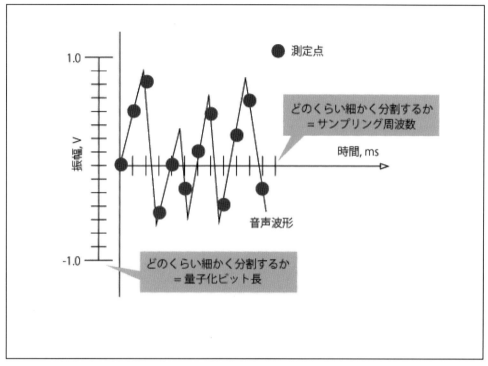

● 図7.2　音声の取り込み

一般には、取り込みたい音声の最大周波数の2倍以上のサンプリング周波数を選択しないと満足な品質で再現することは難しいため、音声データの取り込みの場合には最低でも8kHzくらいのサンプリング周波数を用います。ここで必要となるメモリ量を計算してみましょう。仮に16bitの量子化で8kHzのサンプリング周波数を選び、2秒間の音声データを取り込むとすると、次のように計算されます。

```
2バイト（＝16bit）×8000×2＝32000バイト
```

第1章で、mbedのメモリ（RAM）が32KBであることをご紹介しました。これでは音声データを取り込むだけでメモリを使い切ってしまいます。実際にはスタック領域や通信処理用のバッファなどでメモリを消費するので、この半分強くらいに抑える必要があります。実際試してみると分かりますが、2秒というのは「コマンド」を伝える場合には割と余裕があるため、mbedのメモリに収まるように様子を見つつ、長さを切り詰めていくことにします。

もう1つの注意として、WSTはセキュリティのために通信にSSLを利用します。mbedにもSSL通信用のライブラリがいくつかあるのですが、問題はこれがメモリを必要とする点です。このため、ここではmbedから直接WSTにデータを送信するのはあきらめて、一度サーバーを経由することにします。この中継サーバーを今後はプロクシと呼びます（図7.3）。

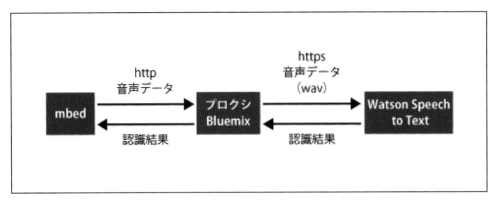

● 図7.3 音声認識処理

7.3 ハードウェア

　アプリケーションボードには、アナログ入力があり、これはmbedのピンに入力された0〜3.3Vの値を0から1（浮動小数点数）の値に変換して取り込みます（AnalogInのread( )関数を使った場合）。これはセンサーからの入力などには良いのですが、以下の理由から音声入力には、このままでは使用できません。

- マイクからの出力は非常に小さく、一般に数mVしかない
- 一般的なマイク出力は交流なので、負の電圧から測定できる必要がある

　これまでの章では、mbedのデモボードとアプリケーションボードのみを使うことで、ハードウェアの製作を不要としてきましたが、本章ではあきらめて追加のハードウェアを製作しました（図7.4）。

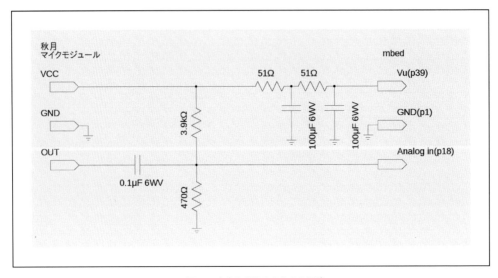

● 図7.4 音声取り込みのための回路

マイクアンプとして、秋月電子のキット[注2]を使用しています。100倍のアンプを内蔵しているため、本章の用途にピッタリです。回路図左側は、交流であるマイクアンプ出力に直流分の「かさ上げ」を行って、0Vより上の信号になるようにしています。VCCが5Vなので5×470／（470 + 3900）= 0.54V程度かさ上げされます。回路図右側はフィルターです。mbedの39ピンはUSBの5Vが供給されますが、デジタル回路用の電源なので非常にノイズが多く、そのままマイクに使用すると、ノイズが乗り過ぎてWSTでまったく認識できませんでした。このためコンデンサと抵抗を使った2段フィルターを入れています。

抵抗は1/4W以上の通常のカーボン抵抗で構いません。コンデンサの耐圧は、図に示した値以上であれば問題ありません。ここでは$0.1\mu F$にはセラミックコンデンサを、それ以外は積層セラミックコンデンサを使用しています。図7.5に回路の外観を示します。

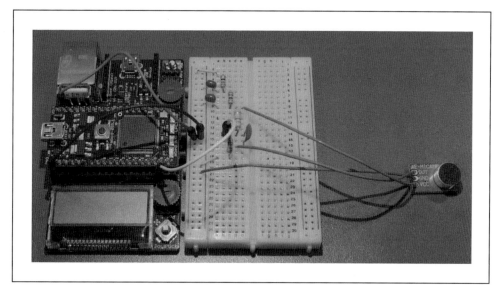

● 図7.5　回路の実装例

配線にはブレッドボードを使いました（掲載するためにきれいに配線していますが、皆さんが製作する場合は、あまり神経質にならず気にせずに配線してください）。実際に回路を作成してみる方のために部品表を表7.1に示します[注3]。なお、マイクアンプはキットなので、はんだ付けが必要になります。はんだごて、およびはんだをお持ちでない方は別途入手してください。

注2) http://akizukidenshi.com/catalog/g/gK-05757/
注3) セラミック・コンデンサと積層セラミック・コンデンサの耐圧は、6WV以上であれば高くても構いません。$0.1\mu F$のほうは積層タイプでも、そうでないものでも構いません。ブレッドボード用ワイヤは余っている電線でも良いですが、あると楽に配線できます。

●表7.1 部品表

摘要	数量
秋月電子マイクアンプキット	1
セラミック・コンデンサ 0.1μF 6WV	1
積層セラミック・コンデンサ 100μF 6WV	2
抵抗 3.9kΩ 1/4W 5%	1
抵抗 470Ω 1/4W 5%	1
抵抗 51Ω 1/4W 5%	2
ブレッドボード 8cm×5cm 程度のもの	1
ブレッドボード用ワイヤ	1セット

7.4 ソフトウェア

最終的には図7.3のプロクシはBluemixで稼働させますが、最初にローカルのMacでプロクシを稼働して動作の確認をします。

Watson Speech to Textの準備

最初にWSTの準備をしておきましょう。Bluemixにログインします。右上のメニューから「カタログ」を選んだら、左のメニューからWatsonを選び、Speech to Textを選びます（図7.6）。

● 図7.6 Speech to Textを選択

設定は、何も変更しなくて構いません。そのまま作成をクリックします（図7.7）。

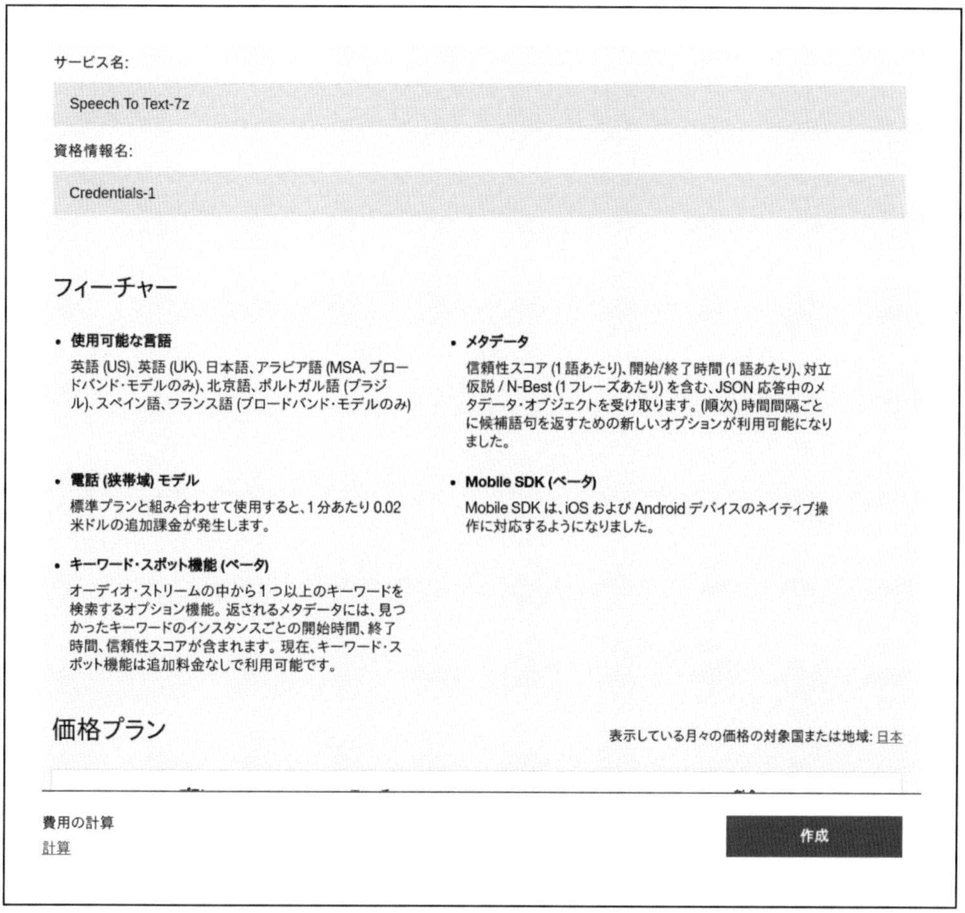

● 図7.7　Speech to Text の追加

　2016年11月現在、標準プランでは最初の1000分まで無料で使えるので、本章のようなお試しには十分でしょう。完了したら、「サービス資格情報」をクリックします (図7.8) 。

● 図7.8　サービス資格情報

「資格情報の表示」をクリックすると、アクセス先のURL、ユーザー名、パスワードが表示されるので控えておいてください（図7.9）。これでWSTの準備は完了です。

● 図7.9　サービス資格情報の表示

サーバー側プログラム

冒頭で解説した通り、本章ではmbedからの音声データを一旦Bluemix上に配置したアプリケーション（プロクシ）で受け取り、それをWSTにHTTPSで転送します。プロクシは、Play Framework[注4]で実装しました。実行にはJava 8が必要なので適宜インストールしておいてください。Oracle版は、米Oracle社のWebサイト[注5]からダウンロード可能です。

注4) https://www.playframework.com/

インストールしたら、念のためターミナルからjava -versionを実行して、Java 8がインストールされていることを確認しておきます。

```
$ java -version
java version "1.8.0_91"
Java(TM) SE Runtime Environment (build 1.8.0_91-b14)
Java HotSpot(TM) 64-Bit Server VM (build 25.91-b14, mixed mode)
```

本章はMacでの手順を示します（Linuxでも同じ手順で実行できるはずです。シェルスクリプトを使用しているため、Windowsの場合はそのままでは動作しません。仮想マシンを使うなどして、Linuxの環境を用意してください）。プロクシのプログラムは、GitHub上に置いてあるので以下で取得してください（Gitのインストールについては解説を省略します）。

```
$ git clone https://github.com/ruimo/cz-mbed7.git
```

なお、これ以降の手順は、依存ライブラリのダウンロードや、Dockerイメージの取得などが行われるため、多量の通信が発生します。従量制のモバイル通信などで実行すると、想定外の通信量になる場合があるのでご注意ください。

cz-mbed7ディレクトリに移り、次にwatson-env.conf.sampleを、watson-env.confにコピーして、中身を編集します。なお、編集した後のwatson-env.confは機密情報なので、他の人の目に触れないように注意してください。

```
VCAP_SERVICES_SPEECH_TO_TEXT_0_CREDENTIALS_USERNAME='Watson speech to text
username'
VCAP_SERVICES_SPEECH_TO_TEXT_0_CREDENTIALS_PASSWORD='Watson speech to text
password'
VCAP_SERVICES_SPEECH_TO_TEXT_0_CREDENTIALS_URL='https://stream.watson
platform.net/speech-to-text/api'
APP_SECRET='Playframework app secret'
DOCKER_NS='Bluemix docker name space'
```

最初の2行は、WSTの認証情報です。図7.9の内容をシングル・クォートの中に指定します。APP_SECRETや、DOCKER_NSはまだ設定しなくて構いません。ファイルを保存したらターミナルでlocal-run.shを実行し、プロンプトにrunと入力して実行します。

```
[watsonproxy] $ run

--- (Running the application, auto-reloading is enabled) ---

[info] p.c.s.NettyServer - Listening for HTTP on /0:0:0:0:0:0:0:0:9000

(Server started, use Ctrl+D to stop and go back to the console...)
```

このように表示されてmbedからのリクエスト待ちとなります。

注5) http://www.oracle.com/technetwork/java/javase/downloads/index.html

mbed 側プログラム

概要

本章は通信に HTTP を使うので、ライブラリとして EthernetInterface、HTTPClient、mbed-rtos を追加します。ライブラリの追加の方法については、第3章、第4章で解説しましたので、そちらを参照してください。プログラムは、main.cpp、WavPostData.cpp、WavPostData.h の 3 つです。本章の mbed のプログラムは少々長いので、図 7.10 に処理の概略フローチャートを、リスト 7.1 に main.cpp 全体を示します。

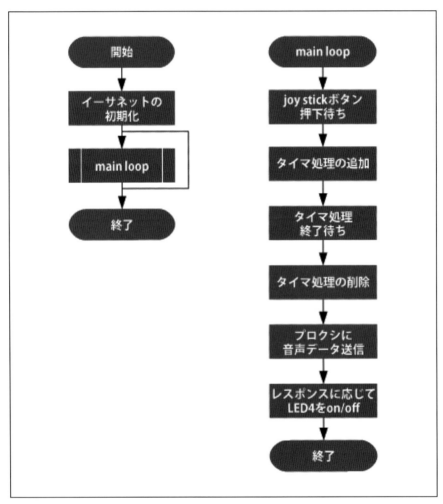

● 図7.10 mbed 処理のフローチャート

● リスト7.1 mbed のプログラム (main.cpp)

```
#include "mbed.h"
#include <stdio.h>
#include <stdlib.h>
#include "EthernetInterface.h"
#include "HTTPClient.h"
```

7.4 ソフトウェア

```c
#include "WavPostData.h"

static void mainLoop(void);

static Ticker timer;
static AnalogIn ain(p18);
static DigitalOut led1(LED1);
static DigitalOut led2(LED2);
static DigitalOut led3(LED3);
static DigitalOut led4(LED4);
static DigitalIn startBtn(p14);

static PwmOut rled(p23);
static PwmOut gled(p24);
static PwmOut bled(p25);

static EthernetInterface eth;
static HTTPClient httpClient;

static char responseText[512];
static HTTPText response(responseText, sizeof responseText);

typedef enum {
    OFFSET, RECORDING, FINISHED
} State;

static volatile State state = OFFSET; //  (5)
static int idx = 0;
static int32_t offset = 0;

#pragma pack(1)
typedef struct { //  (13)
    int wav0 : 12;
    int wav1 : 12;
} WavPack;

static WavPack wavData[6000];
#pragma pack()

const int BUF_SIZE = sizeof(wavData) / sizeof(wavData[0]) * 2;

static void onTick(void) {
    int16_t a = (int16_t)(ain * 2047); //  (9)

    switch (state) {
    case OFFSET: //  (10)
        if (idx < 10) {
            offset += a;
            ++idx;
        }
        else { //  (11)
            state = RECORDING;
            offset /= 10;
            idx = 0;
            led1 = 1;
        }
        break;
    case RECORDING: //  (12)
        a = a - offset; //  (14)
        if (idx >= BUF_SIZE) {
            led2 = 1;
            state = FINISHED;
```

183

第7章　mbedを使って音声認識でデバイスを制御する

```
        }
        else {
            WavPack *p = &wavData[idx / 2];
            if (idx++ % 2 == 0) p->wav0 = a;
            else p->wav1 = a;
        }
        break;
    default: //  (15)
        break;
    }
}

int main() { //  (1)
    rled = 0.5; gled = 0.5; bled = 1;

    eth.init();
    eth.connect();

    rled = 1; gled = 0.5; bled = 1;

    while (1)
        mainLoop();
}

static void mainLoop(void) {
    state = OFFSET;
    idx = 0;
    offset = 0;

    while (startBtn == 0) { //  (2)
        wait_us(100 * 1000);
    }

    timer.attach_us(onTick, 125); //  (3)

    while (state != FINISHED) { //  (4)
        wait(1);
    }

    timer.detach(); //  (6)

    led3 = 1;
    WavPostData request(&wavData, sizeof wavData); //  (7)
    responseText[0] = '\0';
//    int responseCode = httpClient.post("http://134.168.4.206/", request,
&response);
    int responseCode = httpClient.post("http://192.168.0.10:9000/",
request, &response);

    led1 = 0;
    led2 = 0;
    led3 = 0;
    led4 = strncmp(responseText, "ON", 2) == 0 ? 1 : 0; //  (8)
}
```

(1) 処理は最初にイーサネット・ポートの初期化を行った後、main loop（mainLoop() 関
数）で処理を無限に繰り返すようになっています。

(2) main loop 処理では、最初にジョイスティックボタンの押下を待ち（mbed のジョイス
ティックは上下左右に動かせるだけでなく、押し込めるようになっています）、押され

たタイミングで録音を開始します（押したタイミングで録音を開始するだけなので、すぐに離して構いません。録音終了はバッファを使い切った段階で自動的に停止します）。

(3) 録音処理はmbedのタイマ機能を使用します。ここではサンプリング周波数が8kHzなので、その逆数を取ると、$1/8000 = 0.000125 = 125 \times 10^{-6}$となり、125マイクロ秒に1回、アナログ・ポートのデータを読み出せば良いことが分かります。mbedのタイマ・ライブラリに125マイクロ秒に1度処理を呼び出してもらうように依頼しておけば（このときに関数ポインタで処理を指定します）、指定した時間経過ごとに指定した処理（ここではonTick()関数）が呼び出されるようになります。

(4) 実際の録音処理はタイマ処理側で行われるので、main loop側は状態変数（state）がFINISHEDに変化するまで待ちます（state変数は、onTickの中で変更します）。

(5) state変数はタイマ処理とmain loopの両方で参照するため、volatile宣言が必要な点に注意してください。

(6) 音声取り込みが終わればタイマ処理を削除します。

(7) HTTPClientライブラリを用いて、音声データをプロクシにuploadします。

(8) プロクシから返ってきたコマンドに従ってLED4をon/offします。

　それでは心臓部のonTick( )関数を見てみましょう。回路の説明で述べた通り、mbedのアナログ入力の制約から、音声データは0V以上の範囲に入るように「かさ上げ」されています。ここからwavのような音声ファイルを生成するには、0Vを中心に振幅する信号に復元しなければなりません。ボタンを押した直後は無音状態であることを仮定し、最初の1250マイクロ秒の間に得られた信号の値の平均がゼロ点だと仮定して、オフセット値とします。以降の信号は、このオフセットの値を測定値から減算することで、元の信号を復元します。

　以上の処理を簡潔に書くため、音声取り込みは簡単なステート・マシーンになっています。最初はOFFSETという状態で始まり、1250マイクロ秒経過する（タイマからの呼び出しが10回に達する）と、RECORDINGという状態に移ります。録音用のバッファがフルになると状態はFINISHEDという状態に変わります。mainLoop( )関数は、上の**(4)**で見た通り、このFINISHEDへの変化を合図に音声のプロクシへのアップロードを行います（図7.11）。

第7章 mbedを使って音声認識でデバイスを制御する

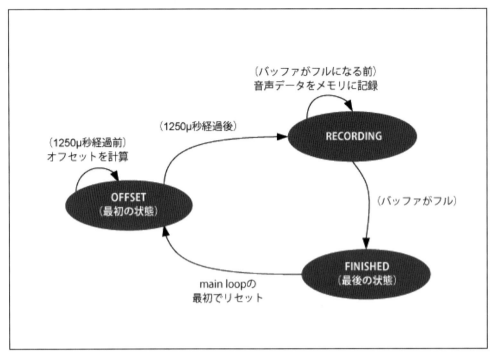

● 図7.11 状態遷移図

(9) mbed の D/A コンバータは 12bit の精度しかないので、アナログ入力は 12bit（0 - 2047）で扱います。

(10) 状態が OFFSET の場合は、タイマ 10 回分の値を offset 変数に加算していきます。

(11) 10 回分経過したら、offset 変数の値を 10 で除算して平均値を求め、これを offset として用います。このとき LED1 を点灯して、音声の録音が始まったことが分かるようにしています。state 変数を RECORDING に変更します。

(12) 状態が RECORDING の場合は、バッファがフルになるまで音声データを記録します。

(13) 12bit のデータを効率良く記録するためビットフィールドを定義しています。12bit のデータ 2 つを含んだ構造体に pack プラグマを指定して、バイト境界にキッチリと詰めるようにすることで、3 バイトに収めます。

(14) ビットフィールドに定義したバッファに音声データを格納しています。測定データからは、上で計算しておいた offset を減算することで、0V を中心に振幅するデータを復元します。バッファがフルになったら状態を FINISHED に変更します。

(15) 状態が FINISHED になると、それ以降は何も行いません。

最後に WavPostData.cpp、WavPostData.h について簡単に解説します。mbed の HTTPClient はデフォルトではテキストを扱うための仕組みしかないため、本章のようにバイナリデータを送信したい場合には、自分で IHTTPDataOut の継承クラスを用意する必要があります（リスト 7.2、リスト 7.3）。

186

7.4 ソフトウェア

●リスト7.2 バイナリデータ送信用データ構造（WavPostData.h）

```c
#ifndef WAV_POST_DATA_H_
#define WAV_POST_DATA_H_

#include <IHTTPData.h>

class WavPostData: public IHTTPDataOut {
public:
  WavPostData(const void *p, size_t size);

protected:
  virtual void readReset();
  virtual int read(char* buf, size_t len, size_t* pReadLen);
  virtual int getDataType(char* type, size_t maxTypeLen);
  virtual bool getIsChunked();
  virtual size_t getDataLen();
  virtual bool getHeader(char *header, size_t maxHeaderLen);

private:
  const char * const pData;
  const size_t dataSize;
  size_t pos;
};

#endif /* WAV_POST_DATA_H_ */
```

●リスト7.3 バイナリデータ送信用データ構造（WavPostData.cpp）

```c
#include "WavPostData.h"

#include <cstring>

#define OK 0

using std::memcpy;
using std::strncpy;
using std::strlen;

#define MIN(x,y) (((x)<(y))?(x):(y))

// (1)
WavPostData::WavPostData(const void *p, size_t size)
  : pData((const char *)p), dataSize(size), pos(0) {
}

void WavPostData::readReset() {
  pos = 0;
}

int WavPostData::read(char *buf, size_t len, size_t *pReadLen) { // (2)
  *pReadLen = MIN(len, dataSize - pos);
  memcpy(buf, pData + pos, *pReadLen);
  pos += *pReadLen;
  return OK;
}

int WavPostData::getDataType(char *type, size_t maxTypeLen) { // (3)
  strncpy(type, "audio/wav", maxTypeLen - 1);
  type[maxTypeLen - 1] = '\0';
  return OK;
}
```

187

```
bool WavPostData::getIsChunked() {
  return false;
}
size_t WavPostData::getDataLen() {
  return dataSize;
}
bool WavPostData::getHeader(char *header, size_t maxHeaderLen) {
  return false;
}
```

- **(1)** コンストラクタで送るデータのポインタとサイズを受け取ります。また、どこまで送信したかを示す pos 変数を 0 で初期化しています。
- **(2)** HTTPClient は送信するデータを取得する際に、read() 関数を呼び出します。第 1 引数が送信したいデータを格納する場所、第 2 引数が、第 1 引数で渡した領域の大きさ。第 3 引数は出力引数で、ここを通して読み込めた長さを返します。
- **(3)** HTTPClient から getDataType() が呼び出されたら、コンテントタイプを返します。

動作確認（ローカル・プロクシ）

それでは、まずはローカルでプロクシを動かして音声認識をしてみましょう（図7.12）。

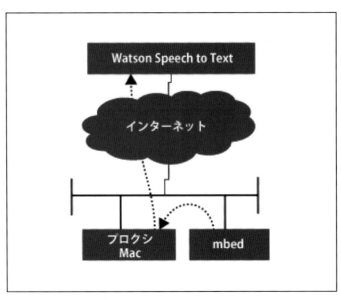

● 図7.12　ローカルのプロクシでの動作

　この場合は、mbed から同じネットワーク上にある Mac 上で稼働しているプロクシに音声データを送り、そこから WST に音声ファイルを送って認識結果を受け取ります（図の点線）。main.cpp の以下の行を編集して、192.168.0.10 の部分をプロクシを動かす Mac の IP アドレスに変更します。

7.4 ソフトウェア

```
int responseCode = httpClient.post("http://192.168.0.10:9000/", request,
&response);
```

　変更できたら、コンパイルしてmbedに書き込み、リセットしてください。イーサネットの初期化が終わって、DHCPからIPアドレスが取得できると、黄色に点灯していたLEDが緑になります。ジョイスティックのボタンを押し込んで（すぐに離して構いません）、「明るくして」とマイクに話しかけてください。LED1からLED3までは、mbedの動作に応じて次のように変化します。

●表7.2　mbedの状態とLEDとの関係

LED1	LED2	LED3	mbedの状態
消灯	消灯	消灯	ジョイスティックボタンの押下待ち
点灯	消灯	消灯	録音中
点灯	点灯	消灯	録音完了
点灯	点灯	点灯	プロクシに音声データ転送中

　認識がうまくいけば、LED4（USBポートを上に見たとき右下にあるLED）が点灯し、そうでなければ消灯します。プロクシは実行中に次のような表示を行います。送信したwavファイルの場所や、認識結果も表示されるので、うまくいかないときは参考にしてください。最初はソースのコンパイルが行われるので少し時間がかかります。

```
[info] Compiling 5 Scala sources and 1 Java source to
/Users/shanai/java/cz-mbed7/target/scala-2.11/classes...
[info] play.api.Play - Application started (Dev)
wav:
/var/folders/hd/3vwf2zj95g19kvj45wq3_m640000gn/T/5500731341017076451.wav
response: '{"results":[{"alternatives":
[{"confidence":0.653,"transcript":"分かる し
"}],"final":true}],"result_index":0}'
transcript: '"分かる し "'
command: '分かるし'
```

　この例では、「分かるし」と誤認識されています。もしも何回かやってもうまく認識できない場合は、wavファイルが表示されているので、このファイルを再生してみてください。

```
wav:
/var/folders/hd/3vwf2zj95g19kvj45wq3_m640000gn/T/5500731341017076451.wav
```

　このファイルは、本来は最後に消さないと残ってしまうのですが、現在は動作が確認しやすいように残したままにしてあります。このwavファイルの音量が小さいようならもっとマイクに近づいて、音が割れているようなら少しマイクから離れてみてください。

189

第7章　mbedを使って音声認識でデバイスを制御する

プロクシの処理内容

　プロクシの内容を簡単に解説しておきます。処理が書かれているのはapp/controllers/Home Controller.scalaというファイルです。プロクシにリクエストがあると、indexという名前の関数が呼び出されます。

```scala
def index = Action.async { req => //  (1)
    println("Start index")
    val file: File = req.body.asRaw.get.asFile
    val temp: Path = Files.createTempFile(Paths.get("/tmp"), null, ".wav")

    Files.copy(file.toPath, temp, StandardCopyOption.REPLACE_EXISTING) //
 (2)
    val wav: Path = createWavFile(temp) //  (3)
    println("wav: " + wav.toAbsolutePath)

    ws.url( //  (4)
      WatsonUrl
    ).withAuth(
      WatsonUser, WatsonPassword, WSAuthScheme.BASIC
    ).withHeaders(
      "Content-Type" -> "audio/wav"
    ).post(
      wav.toFile
    ).map { response => //  (5)
      println("response: '" + response.json + "'")
      val transcript = ((response.json \ "results")(0) \ "alternatives")(0)
\ "transcript" match { //  (6)
        case JsDefined(v) => v.toString
        case undefined: JsUndefined => "Undefined"
      }

      println("transcript: '" + transcript + "'")
      val command = transcript.foldLeft(new StringBuilder) { (buf, c) => //
 (7)
        if (c != ' ' && c != '"') buf.append(c)
        else buf
      }.toString

      println("command: '" + command + "'")
      Ok(if (command == "明るくして") "ON" else "OFF") //  (8)
    }
  }
```

(1) WSTにリクエストを送って結果を受け取る処理は、それなりに時間がかかる処理なので非同期に処理するようになっています（ここは、時間がかかる処理はこういう書き方をするものと思ってもらえれば良いです）。

(2) アップロードされてきたデータを一時ファイルにコピーします。

(3) 音声データをwavファイルに変換します。createWavFile()関数の定義は上にあるので、興味のある方は見てみてください。

(4) WSTに対して音声データ（wavファイル）を送信します。

(5) WSTからのレスポンス処理です。

190

(6) WSTからのレスポンスはJSONなので、内容をパースします。alternativesという要素の中に、認識された項目が1つ以上格納されるので最初の項目を取り出しています。

(7) WSTが認識した文書には、半角のスペースや引用符が含まれることがあるので削除しています。

(8) 認識された文書が「明るくして」であれば、ONを、そうでなければOFFをmbedに返しています。

Dockerでの動作確認

次に、ローカルのDockerで動作確認をしましょう（図7.13）。

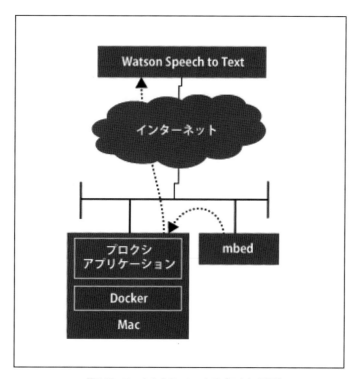

● 図7.13　ローカルのDocker上でプロクシを稼働

　Dockerについても第3章、第4章で紹介しているので、詳細については、そちらを参照してください。現在は、Mac／Windowsでは、Docker for Mac[注6]／Docker for Windows[注7]を使うのが簡単です。MacへのDocker Machineインストールは、基本的にDocker for Macのウェブページに置かれているdmgファイルをインストールするだけなので、手順については省略します。Dockerのドキュメント[注8]に注意点があるのでインストール前にチェックしておくと良いでしょう。Dockerで動かす際の手順は次の通りです。

注6) https://docs.docker.com/docker-for-mac/
注7) https://docs.docker.com/docker-for-windows/
注8) https://docs.docker.com/engine/installation/mac/#/docker-for-mac

第7章　mbedを使って音声認識でデバイスを制御する

- **(1)** Play Framework の機能を使って、application secret という暗号化のための情報を作成しておく
- **(2)** application secret を watson-env.conf に設定する
- **(3)** Play Framework の機能を使って、アプリケーションを zip ファイルに固める
- **(4)** Dockerfile と **(3)** の内容から、Docker イメージを作成する
- **(5)** Docker 上で **(4)** で作成したイメージを実行する

それでは順番に手順を見ていきましょう。

application secret の生成

Play Framework で作成したアプリケーションを本番環境で稼働する場合には、application secret を生成する必要があります。この値は Play Framework 内で暗号化が必要な場合に使用されます。ターミナルでは local-run.sh を実行している状態だと思うので、［Ctrl］+［C］キーを押して停止します。次に bin/activator（Windows の場合は bin/activator.bat）に、引数 play GenerateSecret を追加して実行します。

```
$ bin/activator playGenerateSecret
[info] Loading global plugins from /Users/shanai/.sbt/0.13/plugins
[info] Loading project definition from /private/tmp/cz-mbed7/project
[info] Set current project to watsonproxy (in build file:/private/tmp/cz-mbed7/)
[info] Generated new secret: ;[PZ?o]@mWp=a[SQ_cCIsdfLb:lJ3XejKLTIF3i79_Hdf0gZUcg49I0SK=9wnuj[
[success] Total time: 0 s, completed 2016/07/06 18:11:23
```

「Generated new secret:」の右側に表示された文字列を控えておきます（コマンドを実行するごとに異なる値が生成されます。なお紙面上は改行しているように見えますが、実際は1行です）。この値は他の人の目に触れないようにしてください（万が一目に触れてしまったら再生成します）。この値を、watson-env.conf ファイルの以下の行のシングル・クォートで囲まれた中に指定すれば、設定は完了です。

```
APP_SECRET='Playframework app secret'
```

また、最後の DOCKER_NS に、Bluemix の Docker レジストリーの名前空間を指定します（第3章では susumutani3 の部分にあたります）。

```
DOCKER_NS='Bluemix docker name space'
```

イメージの生成

アプリケーションを含んだ Docker イメージの生成は、docker-build.sh で行えます。このコマンドでアプリケーションは zip ファイルにまとめられて、Docker イメージが生成されます。

192

```
$ ./docker-build.sh
[info] Loading global plugins from /Users/shanai/.sbt/0.13/plugins
[info] Loading project definition from /private/tmp/cz-mbed7/project
[info] Set current project to watsonproxy (in build file:/private/tmp/cz-
mbed7/)
[info] Packaging /private/tmp/cz-mbed7/target/scala-2.11/watsonproxy_2.11-
1.0-SNAPSHOT-sources.jar ...
[info] Done packaging.
...

Step 6 : ENTRYPOINT /bin/bash -c /opt/watsonproxy/launch.sh
 ---> Running in 5f89dc7ffadb
 ---> 42dac4f09944
Removing intermediate container 5f89dc7ffadb
Successfully built 42dac4f09944
```

実行

それでは実行します。実行は、docker-local-run.sh で行えます。

```
$ ./docker-local-run.sh
f15f50c419070b3f2f10d2c1722382393ea10e65cec78862c0a44d772fd4d47a
```

まずはログを確認しておきましょう。上記のコマンドで表示された長い16進数文字列が、実行中の docker コンテナの id なので、これを指定して（コピー・ペーストしてください）、docker logs コマンドを実行します（これも紙面上は改行しているように見えますが、実際は1行で指定します）。

```
$ docker logs f15f50c419070b3f2f10d2c1722382393ea10e65cec78862c0a44d772fd4d
47a
[info] play.api.Play - Application started (Prod)
[info] p.c.s.NettyServer - Listening for HTTP on /0:0:0:0:0:0:0:0:80
```

リクエスト待ちになっていることが分かります。Docker での実行の際は、80ポートで待つようになっているので、mbed のプログラムは以下のように :9000 の部分を削除して、コンパイル、書き込みを行ってからリセットしておきます。

```
int responseCode = httpClient.post("http://192.168.0.10/", request,
&response);
```

これまで同様、ジョイスティックボタンを押して「明るくして」と呼びかけてみてください。うまく認識されれば、LED4が点灯します。認識状況は docker logs で確認できます。

```
$ docker logs
f15f50c419070b3f2f10d2c1722382393ea10e65cec78862c0a44d772fd4d47a
[info] play.api.Play - Application started (Prod)
[info] p.c.s.NettyServer - Listening for HTTP on /0:0:0:0:0:0:0:0:80
Start index
wav: /tmp/2203062852583053679.wav
response: '{"results":[{"alternatives":
```

第7章　mbedを使って音声認識でデバイスを制御する

```
[{"confidence":0.717,"transcript":"明るく して
"}],"final":true}],"result_index":0}'
transcript: '"明るく して "'
command: '明るくして'
```

動作確認（Bluemix）

最後にBluemixで確認しましょう。まず、docker-push.shコマンドでdockerイメージを
Bluemixにアップロードします。

```
$ ./docker-push.sh
The push refers to a repository [registry.ng.bluemix.net/utton/watsonproxy]
b43b2817bbfe: Pushed
a8fca08822d8: Pushed
de174b528b56: Pushed
```

なお、unauthorized: Unauthorizedというエラーが表示される際は、cf ic loginコマンドを実
行してください。pushには数分かかります。終わったら、docker-bluemix-run.shで実行し
ます。

```
$ ./docker-bluemix-run.sh
7bb9a5d9-78fb-40be-b68b-b5b1c49d3579
```

cf ic psコマンドで、STATUSの部分がRunningになるのを待ちます。

```
$ cf ic ps
CONTAINER ID          IMAGE
COMMAND               CREATED            STATUS                    PORTS
NAMES
7bb9a5d9-78f          registry.ng.bluemix.net/utton/watsonproxy:latest    ""
About a minute ago    Running a minute ago    80/tcp
romantic_noyce
```

次にIPアドレスをバインドします。デフォルトではパブリックなIPアドレスが割り当てられ
ていないので、外からアクセスできません。まずはcf ic ip listコマンドで確保しているアドレス
を確認します。

```
$ cf ic ip list
Number of allocated public IP addresses: 1

Listing the IP addresses in this space...
IP Address        Container ID
169.44.121.77     7bb9a5d9-78fb-40be-b68b-b5b1c49d3579
```

このように、Container IDの部分が記載されたアドレスはすでに使用済みです。もしも
Container IDの部分が空になっているIPアドレスがあれば、空きなのでそのまま使用できま

7.4 ソフトウェア

す。また、デフォルトでIPアドレスは2つまで使用できます。IPアドレスの個数が2つに達していなければ、cf ic ip request コマンドを実行してください。

```
$ cf ic ip request
OK
The IP address "169.44.121.78" was obtained.
```

再度、cf ic ip list コマンドで確認すると、Container IDが空のIPアドレスが増えていることが分かります。

```
$ cf ic ip list
Number of allocated public IP addresses: 2

Listing the IP addresses in this space...
IP Address       Container ID
169.44.121.78
169.44.121.77    7bb9a5d9-78fb-40be-b68b-b5b1c49d3579
```

cf ic ip bind コマンドでIPアドレスをバインドします。

```
$ cf ic ip bind 169.44.121.78 7bb9a5d9-78f
OK
The IP address was bound successfully.
```

cf ic ip bind コマンドにはIPアドレスと、コンテナのIDを指定します。コンテナのIDは、cf ic ps コマンドで確認できます。コマンドの実行が終わったら、再度cf ic ps で確認します。

```
$ cf ic ps
CONTAINER ID       IMAGE
COMMAND            CREATED            STATUS                 PORTS
NAMES
655ad675-cff       registry.ng.bluemix.net/utton/watsonproxy:latest   ""
36 seconds ago     Networking 30 seconds ago    169.44.121.78:80->80/tcp
sleepy_mestorf
```

このようにSTATUSがNetworkingになっているときは、IPアドレスの割り当て中です。Runningになるまで待ってください。それでは、mbedのプログラムの以下の部分を、上記で割り当てたIPアドレスに変更してコンパイルし、mbedに書き込んでからリセットしてこれまでと同じように実行してみてください。

```
int responseCode = httpClient.post("http://169.44.121.78/", request,
&response);
```

きちんと認識されれば、LED4が点灯するはずです。うまくいかないときは、ログを確認してみてください。ログは、cf ic logs コマンドで確認できます。引数にコンテナのIDを指定してください。

195

第7章　mbedを使って音声認識でデバイスを制御する

```
$ cf ic logs 655ad675-cff
;[info] play.api.Play - Application started (Prod)
N[info] p.c.s.NettyServer - Listening for HTTP on /0:0:0:0:0:0:0:0:80

Start index
"wav: /tmp/52246906889055516918.wav
~response: '{"results":[{"alternatives":
[{"confidence":0.373,"transcript":"明るく し
"}],"final":true}],"result_index":0}'
transcript: '"明るく し "'
command: '明るくし'
```

7.5　注意点

　本章では、リソースの制限を回避するため、mbedから直接WSTにリクエストを行うのではなく、Bluemix上に用意したプロクシを経由するようにしました。このため以下の注意点があります。

- プロクシまでの通信は暗号化されていません。最大1.5秒のデバイスの操作コマンドですが、外に漏洩して困るような内容を入力しないように注意してください
- プロクシのIPアドレスさえ分かれば、誰にでもプロクシが使用できてしまいます。実験が終わったらプロクシを終了しておくのが良いでしょう

7.6　本章のまとめ

　本章ではWatson Speech to Textを用いた音声認識を試してみました。

　Watson Speech to Textは音声ファイルを、https、WebSocketで受け取り認識結果をJSONで返します。mbedにおける音声の取り込みや、SSLの処理にはメモリが必要となります。mbedのアナログ入力は、そのままでは音声入力には使えません。外付け回路が必要となります。

　デバイス自体が非力でも、ネットワークの力によってさまざまな応用が可能となる点がIoTの醍醐味の1つです。デバイスでできること、サーバー・サイドでできることはいろいろありますが、この2つをうまく組み合わせたアイデアの中に、きっと今まで見たことのないようなアプリケーションが眠っているはずです。ぜひアイデアを形にしてみてください。

著者プロフィール

花井志生（ハナイ シセイ）

　入社当時はC/C++を用いた組み込み機器（POS）用のアプリケーション開発に携わる。10年ほどでサーバサイドに移り、主にJavaを使用したWebアプリケーション開発に軸足を移す。2015年夏からクラウドを用いたソリューションのテクニカル・コンサル、PoCを生業としている。主な著書にJava、Ruby、C言語を用いたものがある。

山崎まゆみ（ヤマザキ マユミ）

　人・技術・本が好きなITエンジニア。公共・金融機関のアプリケーション開発/インフラ構築経験を持つ。プロジェクト現場で日々奮闘中。

谷口督（タニグチ ススム）

　2000年問題対応の時期にIT業界に入り、それ以来UNIX系のインフラ構築を担当。最近の関心事は、そろそろ出てきそうな画期的なテクノロジー探しや世の中が良くなるためのもの作りです。

作って学ぶ IoT サービス開発の基本と勘所
(アイオーティー)

2017年3月15日　　初版第1刷発行（オンデマンド印刷版Ver1.0）

著　者　　花井 志生（はない しせい）・山崎 まゆみ（やまざき まゆみ）・
　　　　　谷口 督（たにぐち すすむ）
発行人　　佐々木 幹夫
発行所　　株式会社 翔泳社（http://www.shoeisha.co.jp/）
印刷・製本　大日本印刷株式会社

©2017 Shisei Hanai, Mayumi Yamazaki, Susumu Taniguchi

- ■ 本書は著作権法上の保護を受けています。本書の一部または全部について(ソフトウェア およびプログラムを含む)、株式会社翔泳社から文書による許諾を得ずに、いかなる方法 においても無断で複写、複製することは禁じられています。
- ■ 本書へのお問い合わせについては、2ページに記載の内容をお読みください。
- ■ 落丁・乱丁本はお取り替えいたします。03-5362-3705までご連絡ください。

ISBN 978-4-7981-5082-6　　　　　　　　　　　　　　　　　Printed in Japan

制作協力 株式会社トップスタジオ（http://www.topstudio.co.jp/）　＋Vivliostyle Formatter